樱桃谷鸭

瘤头鸭(公)

瘤头鸭(母)

U0208843

1

法国白羽瘤头鸭

金定鸭(公)

金定鸭(母)

2

绍兴鸭(带圈白翼梢公鸭)

绍兴鸭(带圈白翼梢母鸭)

绍兴鸭(红毛绿翼梢)

3

莆田黑鸭(公)

莆田黑鸭(母)

连城白鸭(公)

连城白鸭(母)

4

荆江鸭(公)

荆江鸭(母)

山麻鸭

5

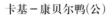
卡基－康贝尔鸭(公)

卡基－康贝尔鸭(母)

高邮鸭(公)

高邮鸭(母)

建昌鸭(公)

建昌鸭(母)

大余鸭(公)

大余鸭(母)

7

巢湖鸭(公)

巢湖鸭(母)

花白骡鸭仔鸭

8

黑羽骡鸭仔鸭

绿头野鸭

绿头野鸭

狮头鹅(母)

狮头鹅(公)

郎德鹅

10

四川白鹅(公)

四川白鹅(母)

皖西白鹅(母)

11

皖西白鹅(公)

浙东白鹅(公)

浙东白鹅(母)

雁鹅(公)

雁鹅(母)

淑浦鹅(母)

淑浦鹅(公)

13

豁眼鹅(公)

豁眼鹅(母)

莱茵鹅

14

太湖鹅（公）

太湖鹅（母）

鄞县白鹅

15

乌鬃鹅(公)

乌鬃鹅(母)

长乐鹅

16

畜禽良种引种丛书

鸭鹅
良种引种指导

YA E

LIANGZHONG YINZHONG ZHIDAO

陈 烈 编著

金盾出版社

内 容 提 要

本书由浙江省农业科学院陈烈研究员编著。内容包括:我国鸭、鹅生产与良种概况,鸭的优良品种,鹅的优良品种。共介绍鸭、鹅优良品种37种,并附有彩色图片和部分供种单位名单。内容充实,通俗易懂,实用性强,可供家禽饲养人员和有关农业院校师生阅读参考。

图书在版编目(CIP)数据

鸭鹅良种引种指导/陈烈编著. —北京:金盾出版社,2004.2
(畜禽良种引种丛书)
ISBN 978-7-5082-2803-7

Ⅰ.鸭… Ⅱ.陈… Ⅲ.①鸭-引种②鹅-引种 Ⅳ.①S834.2
②S835.2

中国版本图书馆 CIP 数据核字(2003)第 123382 号

金盾出版社出版、总发行
北京太平路 5 号(地铁万寿路站往南)
邮政编码:100036 电话:68214039 83219215
传真:68276683 网址:www.jdcbs.cn
彩色印刷:北京精美彩印有限公司
黑白印刷:国防工业出版社印刷厂
装订:大亚装订厂
各地新华书店经销
开本:850×1168 1/32 印张:3.5 彩页:16 字数:72 千字
2008 年 10 月第 1 版第 3 次印刷
印数:21001—22000 册 定价:6.00 元

序　言

　　改革开放以来,我国畜牧业取得了辉煌成就。全国在 20 世纪末只用了约 20 年的时间,就使肉、蛋的产量跃居世界第一,禽肉总产量位居世界第二。畜牧业已成为丰富城乡居民菜篮子和农民致富的重要产业。

　　科学技术进步是畜牧业发展的动力。畜禽良种的培育、引进、推广是畜牧业发展的基础工作之一,也是畜牧业技术进步的重要标志,现在和将来都会对增加畜产品产量、改进畜产品品质和提高畜牧业经济效益发挥重要作用。引种是一项技术性很强的工作,只有坚持从本地区、本单位的实际出发,做到科学引种,才能避免风险,取得预期效果。

　　在我国畜牧业的发展过程中,科普工作发挥了重要的作用。但是,近年来引进品种和国内培育品种均有所变化,专门介绍畜禽品种的科普书籍还不多。为此,金盾出版社约请中国畜牧业协会、中国农业科学院、甘肃农业大学、东北农业大学和浙江大学动物科学学院等单位的畜禽养殖专家,编著出版了《畜禽良种引种丛书》。"丛书"包括猪、羊、奶牛、肉牛、家兔、蛋鸡、肉鸡、鸭鹅和肉鸽鹌鹑等 9 个分册。各分册详细介绍了优良品种的来源、特征特性和生产性能,阐述了引种的原则和方法,具体介绍了主要供种单位及其联系方式。

　　"丛书"的编著者均为多年从事畜牧业的技术工作者,具有较为全面的专业知识和丰富的实践经验。我衷心期望这套丛书能在今后畜禽养殖业生产中发挥作用，为我国畜牧事业的发展做出有益贡献。

中国畜牧业协会会长

2003 年 7 月 1 日于北京

目 录

第三章　鹅的优良品种

第一章 我国鸭鹅生产与良种概况

一、我国鸭鹅生产概况

鸭、鹅的养殖是中国传统的养殖业,历史非常悠久。据史料记载,我国劳动人民早在3 000多年前就已经开始驯养鸭、鹅,由于我国地域广阔,人民勤劳聪慧,所以,鸭、鹅的品种资源特别丰富。

现在,全世界养鸭最多的国家是中国。据联合国粮农组织(FAO)统计,2002年世界鸭存栏量9.48亿只,其中亚洲存栏量8.44亿只,占世界总存栏量的89%;中国鸭的存栏量达6.61亿只,占世界总存栏量的69.7%,占亚洲总存栏量的78.3%。2002年世界鸭肉总产量305万吨,其中亚洲249.2万吨,占世界鸭肉总产量的81.7%;中国鸭肉总产量211.6万吨,占世界总产量69.4%,占亚洲总产量84.9%;按我国13亿人口计,人均鸭肉占有量达到1.63千克。因此,中国是名副其实的养鸭大国,也是鸭产品消费的大国。

同时,中国还是世界第一鹅业生产大国。据中国农业年鉴1998~2001报道:2001年,全国鹅存栏量2.08亿只,占全球存栏总量的86.3%,肉鹅年屠宰量4.5亿只,占世界肉鹅屠宰总量的92%。中国养鹅数量和屠宰量每年以5%~6%的速度递增,养鹅业每年为社会提供鹅肉约110万吨,加上羽绒,总产值超过200亿元,它是中国农民增加收入的支柱产业之一。

中国的鸭、鹅产品,绝大部分在国内消费,国内市场消费很旺盛,潜力很大。有少部分鸭、鹅产品出口,主要是东南亚、日本、韩国等国家,特别是水禽的羽绒,近半个世纪来在全世界畅销不衰。

2002 年,我国出口鸭、鹅羽绒及其制品约 7 万吨,创汇 6.5 亿多美元,也是世界羽绒生产的第一大国。

二、当前国内的鸭鹅良种及其在生产上的作用

中国不但养鸭数量多,而且质量好,品种资源非常丰富。《中国家禽品种志》中,已收录的鸭优良品种有 12 个,其中:北京鸭、绍兴鸭、金定鸭、建昌鸭、莆田黑鸭、连城白鸭、高邮鸭和攸县麻鸭等 8 个品种列为国家级品种保护名录。北京鸭是世界驰名的良种,被国外许多育种公司作为育种的素材,当今世界上最著名的肉鸭培育品种,都含有北京鸭的血统;绍兴鸭和金定鸭的高产性能誉冠全球,在世界蛋鸭品种中至今仍保持着领先水平。

中国有许多优秀的鹅品种资源,列入国家级品种保护名录的有:四川白鹅、伊犁鹅、狮头鹅、皖西白鹅、雁鹅和豁眼鹅等 6 大品种,收录在《中国家禽品种志》的有 13 个。特别是豁眼鹅和籽鹅,是当今世界上产蛋性能最优秀的鹅品种;狮头鹅是我国最大型的鹅种,不但体型大、生长快、肉质好,而且经强制填肥后,平均肥肝重达 700 克以上;四川白鹅是中型品种中肉蛋兼用的优秀品种。在中国绝大多数中型鹅种里,普遍地存在很强的就巢性,制约了产蛋性能,惟四川白鹅就巢性很弱,年产蛋量达到 50 ~ 70 枚,而成为一枝独秀;浙东白鹅肉质鲜美,风味独特,享誉我国港澳地区和东南亚国家。在计划经济年代,每出口 1 吨用浙东白鹅生产的"宁波冻鹅",可配额搭配 5 吨太湖鹅,因而这个品牌早已名扬海外。

可以说,在中国的畜禽资源库里,惟有鸭、鹅的品种,不但资源是最丰富的,而且其主要性能最接近或领先世界水平;也惟有鸭、鹅的品种,我们可以不依赖国外进口,用自己的地方品种进行组合配套,其生产性能可以达到世界同类良种的先进水平,这是值得我们自豪的宝贵财富之一。

但是,在新中国成立后的相当长时间内,我们在良种的选育、推广和使用上还存在着不少问题:我国绝大多数的良种没有进行系统地选育;我国大部分地区都在使用单一品种,杂交优势没有得到充分地利用;已经选育的良种或配套系推广的力度还不够,良种的覆盖面远不及蛋鸡和肉鸡大。我们的工作远远落在生产的后面。

当前,良种的选育工作投入不够、进展缓慢,品种资源的保护与利用任重而道远。现在,多数地方品种由于选育程度低,群体整齐度差,品种内个体间的生产性能差异很大;我们正在做的大多是单个品种或品系的选育,配套品系的杂交利用只是刚刚起步。任何一个优良的品种,都不是全能的、十全十美的,如狮头鹅体型大、生长快,但繁殖性能很差;豁眼鹅繁殖性能很好,但生长太慢。只有在品系选育的基础上,进行配套品系的杂交利用,才能发挥良种的最大潜力。在这方面,高产蛋鸭配套系——江南2号的选育和推广,以及新扬州鹅的选育,已经做出了成功的范例。

在加大科技投入的同时,更要重视良种的推广,尽快把科研成果转化为生产力。目前,我国大部分地区饲养的蛋鸭品种,年平均产蛋量约250枚(甚至更低些),而经过选育的绍兴鸭、金定鸭可达到300枚左右,在此基础上选育而成的高产蛋鸭配套系——江南2号,500日龄入舍母鸭平均产蛋327.9枚,产蛋总重21.97千克,超过一般水平77枚。如果我们狠抓科技成果的推广,扩大良种的覆盖面,在全国现有的6.6亿只鸭中,只要将其中1亿只换成上述高产品种(配套系),那么,在不增加饲养量,不增加人力、物力的前提下,一年即可净增50亿~70亿枚鸭蛋。这是一个多么巨大的增产潜力!因此,良种(配套品系)的选育和推广,是当前摆在水禽科技工作者面前的头等大事。

三、选择和引进良种的注意事项

选择和引进良种,关系到企业的经济效益,有时还影响到一个企业的成败和兴衰。这是经营决策者必须认真对待的问题。

第一,引种要有针对性。根据需要,去挑选和引进品种,千万不可有盲目性。比如,要引进一个蛋鸭品种,首先要从高产性能和适应性方面进行比较,初选出 2~3 个较为适合的品种,然后再考虑当地的特殊需要。例如,有的地区喜欢青壳鸭蛋,每枚售价比白壳蛋高出 0.1 元左右,综合起来看,经济效益差异很大,那就应在相对高产的品种里,选一个青壳的品种引进;又比如,引种后是在密植的水稻田里放牧,那么,就从高产品种里挑选一个觅食性强、体型小和适于放牧的品种饲养。总之,引种的针对性和目的性必须明确。

第二,要考虑引进地区的生态环境和饲养条件与原产地是否相似,还要考虑该品种的适应能力。如北方地区(包括西北地区和东北地区)计划引进瘤头鸭饲养,这时就应考虑当地的设施情况,秋、冬季节的保温条件如何,因为瘤头鸭是热带禽种,适应不了北方的寒冷气候,冬天不好饲养,种鸭不能产蛋和正常配种;引到寒冷的北方地区,饲养成本提高,生产性能下降。又如,把绍兴鸭和金定鸭引到东北地区或西北地区饲养,只能采用圈养的形式,特别是在气温较低的晚秋至翌年早春的半年多时间内,都不能放牧;建造棚舍时,必须保温性能良好,还需有加温设施。否则,就不能保持长年高产稳产。

第三,要摸清供种单位是否具有供种的资格(有没有种禽场的资格证书和营业执照)及其信誉度。对于相似的供种单位,要从技术条件、质量与价格等方面进行横向比较,从中选出较为理想的供种单位。引种时还要签定协议,索取正式发票,以便在发生争议时

取证或诉讼之用。

第四,要向供种单位索取该品种的饲养管理手册或指南等有关技术资料,以便制订饲养管理方案。

第五,还要向供种单位了解免疫情况,特别是引进雏禽和种禽时,必须了解哪些疫病已经免疫,哪些疫病还没有免疫,应该在什么时候补免,等等,都必须详细了解清楚,并记录下来。

第六,不能从疫区引种。以避免在引种的同时,将传染病也带进来,造成不可弥补的损失。

第二章 鸭的优良品种

一、北京鸭

北京鸭(Beijing ducks)是国内外驰名的优良品种。具有生长快、繁殖率高、适应性强和肉质好等优点。原产于北京市西郊,目前中心产区在北京市,全国各地均有饲养,尤以上海、广东、广西、天津和辽宁等省、市、自治区饲养较多。

北京鸭早在 1873 年就输入美国,次年又从美国输入英国,以后普及到欧洲各国,1888 年输入日本,目前分布遍及世界各地。可以说,全世界各国的肉鸭生产中,几乎全都采用了北京鸭及其品系杂交鸭,其他鸭种仅占很少比例,是现代肉鸭的主导品种。

(一)体型外貌

1. 外貌特征 初生雏鸭绒毛金黄色,以后随日龄增长颜色逐渐变浅,至 4 周龄前后变成白色,至 60 日龄羽毛长齐。成年北京鸭全身羽毛白色,并带有奶油光泽;喙、胫、蹼为橙黄色或橘红色;虹彩蓝灰色。成年鸭体型硕大丰满,紧凑匀称,挺拔美观。头大颈粗,体躯长方形,前部昂起,与地面约呈 30°角,胸丰满,胸骨长而直,背宽平,两翅较小紧贴体躯,尾短而上翘。公鸭尾部有 4 根卷起的性羽;母鸭产蛋后因输卵管发达显得腹部丰满,看似后躯大于前躯。腿粗短,蹼宽厚。

2. 体重与体尺 中国农科院畜牧研究所对北京鸭 Z-1 系的体重和体尺测定结果见表 2-1。

表2-1 北京鸭体重和体尺测定结果

项 目	公 鸭	母 鸭
体重(克)	3490±30.00	3410±70.00
体斜长(厘米)	28.40±0.40	25.80±0.49
胸宽(厘米)	11.20±0.20	11.60±0.24
胸深(厘米)	9.50±0.32	9.20±0.20
龙骨长(厘米)	15.20±0.12	14.40±0.24
骨盆宽(厘米)	12.00±0.55	12.30±0.20
胫长(厘米)	7.50±0.22	7.50±0.22
颈长(厘米)	27.00±0.55	23.00±1.14
半潜水长(厘米)	53.60±0.40	49.80±0.37

(二)主要性能

1. 产肉性能

(1)生长速度 长期以来,填鸭是北京鸭的主要生产方式。生产程序分为幼雏、中雏和填鸭,幼雏和中雏约需7周,通常称为鸭坯子阶段,此后再经10～15天的填饲,使填鸭达到市场需要的标准体重后出售。近年来,北京鸭经过系统选育,生长速度又有了进一步的提高,饲养方式随着市场需求的变化而改变,许多地方不经填饲而用自由采食法,效果也不错。自由采食法体重测定结果见表2-2。

表2-2 自由采食法体重测定结果

日 龄	初 生	3周龄	7周龄
体重(克)	60～65	1000～1200	2900～3100

(2)屠宰率 由于自由采食和填饲两种不同的生产模式,因而

胴体品质有所不同。填鸭的胴体脂肪率较高,瘦肉率较低。填鸭屠宰的各项指标见表 2-3。

表 2-3 填鸭屠宰的各项指标

性　别	半净膛率(%)	全净膛率(%)	占全净膛(%)		
			胸　肌	腿　肌	胸腿肌
公　鸭	80.6 ~ 83.6	73.8 ~ 77.9	6.5 ~ 10.3	11.3 ~ 11.6	18.1 ~ 21.6
母　鸭	81.0 ~ 82.2	74.1 ~ 76.5	7.8 ~ 11.9	10.3 ~ 10.7	18.5 ~ 22.2

随着科研工作的进展,北京鸭的生产性能也在不断提高。目前,6 周龄体重可达 3.15 千克,每增重千克体重耗料 2.65 ~ 2.7 千克;填鸭 7 周龄体重 3.5 ~ 3.7 千克。肉仔鸭全净膛率 77% ~ 78%;7 周龄胸肉率占胴体 16.34%,腿肉率 15.25%,腹脂率 2.97%。

2. 产蛋性能　年产蛋量为 200 ~ 220 枚。蛋重 95 ~ 100 克。蛋形指数为 1.41。蛋壳颜色全部为白色。蛋壳厚度平均 0.358 毫米。蛋壳强度为 481 千帕。哈氏单位为 73.1。

3. 繁殖性能　性成熟期为 150 ~ 180 天。公母配种比例为 1: 6 ~ 7。种蛋受精率为 90% 左右。受精蛋孵化率为 80% ~ 90%。每只母鸭平均年生产肉鸭 100 只以上。

二、樱桃谷鸭

樱桃谷鸭(Cherry Valley ducks)是英国樱桃谷公司的产品。它是以北京鸭和埃里斯伯里鸭为亲本,经杂交选育而成的商用品种。该品种内有 10 个品系,其中白羽系有 L2,L3,M1,M2,S1,S2,杂色羽系有 CL3,CM1,CS3,CS4。我国于 1980 年首次引进一个三系杂交的商品代 L2,现在河南、四川、河北、山东等省和南京市都有它的祖代鸭场,向全国各地推出樱桃谷公司的新产品 Super M3 超级大型肉鸭。目前,除英国本土之外,我国已引进纯系,世界上已有60多个国家和地区都在饲养樱桃谷鸭。

(一)体型外貌

樱桃谷鸭全身羽毛白色,头大额宽,颈粗短,背宽而长。从肩到尾倾斜,胸部宽而深,胸肌发达。喙橙黄色,胫、蹼都是橘红色。体型外貌与北京鸭极相似,属北京鸭型的大型肉鸭。

(二)主要性能

樱桃谷鸭开产日龄为180~190天。

公母配种比例为1:5。种蛋受精率90%以上。父母代母鸭第一年产蛋量为210~220枚,可提供初生雏160只左右;平均蛋重90克左右。

父母代公鸭成年体重4~4.25千克,母鸭3~3.2千克。

商品代49日龄活重3~3.5千克;料肉比2.4~2.8:1。

全净膛率72.55%,半净膛率85.55%,瘦肉率26%~30%,皮脂率28%~31%。

樱桃谷SM3的主要性能见表2-4,表2-5。

表2-4 樱桃谷SM3父母代主要性能

项　目	大　型	中　型
性成熟期(周龄)	25	25
成年公鸭体重(千克)	4.25	3.56
成年母鸭体重(千克)	3.20	3.20
50周龄产蛋量(枚)	296	296
平均受精率(%)	93	95
平均产蛋率(%)	81.4	82.4
平均孵化率(%)	84	85

表 2-5　樱桃谷 SM 3 商品代主要性能

项　目	大　型	中　型
47 日龄活重(千克)	3.48	3.24
47 日龄饲料转比率	2.28:1	2.4:1
成活率(%)	98	98
47 日龄胸肉率(%)	23.6	24.7
47 日龄皮脂占胴体(%)	31.07	31.7

(三)饲养管理要点

1. 育成期饲养　在 4～18 周龄的育成期内,种鸭要进行控制饲养,通过调节饲料喂量来控制体重,因此,每周随机抽样 10%,在早上空腹时称测平均体重,把抽样称测平均体重与樱桃谷鸭 SM3 的标准体重进行对照,如果实测的平均体重低于标准体重,则增加喂量,即按下一周的喂量投料;如果实测的平均体重高于标准体重,则减少喂量,即按上一周的喂量投料。如果实测的平均体重达到标准体重,生长速度与目标曲线相近,则每天只需增加 5 克,的喂料量就可保持这一生长速度。

育成期内控制体重非常重要,使实际体重尽量接近标准体重。任何偏差都将影响适时开产和今后产蛋量和受精率的高低。

2. 产蛋期饲养　产蛋期内改用喂料箱饲喂,按每 250 只鸭子 1 个喂料箱的比例放置,以后根据需要增加喂料箱,达到每只种鸭有 15 厘米的采食空间。喂料箱每 2 周吃空 1 次,定期进行清洗。每天敞开自由采食 11 个小时。

产蛋期内要密切关注蛋重的变化,每周随机取样 100 枚蛋称重,计算平均值,使实际蛋重向 90 克的目标蛋重靠近,并趋向稳定。

每 250 只鸭提供 2 米长水槽,使每只鸭子任何时候都能从槽

的两边饮到清洁的水,因此,每只鸭至少有 1.3 厘米的水位。

三、奥白星鸭

奥白星鸭是由法国奥白星公司采用品系配套方法选育的商用
肉鸭。具有体型大、生长快、早熟、易肥和屠宰率高等优点。该鸭
性喜干燥,能在地上进行自然交配,适应旱地圈养或网上饲养。我
国引进的是奥白星 2000 型肉鸭。

(一)体型外貌

雏鸭绒毛金黄色,随日龄增大而逐渐变浅,换羽后全身羽毛白
色。喙、胫、蹼均为橙黄色。成年鸭外貌特征与北京鸭相似,头大,
颈粗,胸宽,体躯稍长,胫粗短。

(二)主要性能

种鸭标准体重:公鸭为 2.95 千克,母鸭为 2.85 千克。种鸭性
成熟期为 24 ~ 26 周龄,32 周龄进入产蛋高峰。年平均产蛋量为
220 枚左右。公母配种比例为 1:5。

商品代肉鸭,6 周龄体重 3.3 千克,7 周龄体重 3.7 千克,8 周
龄体重 4.04 千克。

料肉比:6 周龄为 2.3:1,7 周龄为 2.5:1,8 周龄为 2.75:1。

四、丽佳鸭

丽佳鸭(Legard ducks)是由丹麦丽佳公司选育的商用白羽肉
鸭。它有 3 个各具特色的配套系:丽佳 L1 为超大型,适于生产分
割肉;丽佳 L2 为中型,可供饭店酒楼烧、烤、炸制用;丽佳 LB 又称
柏柳鸭,皮脂率较低,为瘦肉型,适于制作盐水鸭、板鸭和家庭烹饪

用。该鸭适应性较强,在寒冷和炎热环境下,既可以圈养,也可以半圈半放。

(一)体型外貌

丽佳鸭外貌与北京鸭极相似,没有突出的特点,属北京鸭型的大型肉鸭。

(二)主要性能

性成熟期为 25～26 周龄;30 周龄进入产蛋高峰。年产蛋量为 220 枚,可提供合格种蛋 200 枚。

肉用仔鸭 7 周龄活重为 3.3～3.7 千克;料肉比 2.45～2.75:1。

全净膛屠宰率为 71%左右(L1 型 8 周龄胸肌重可达 400 克)。

五、瘤 头 鸭

瘤头鸭(Muscovy ducks)原产于中南美洲。我国称为番鸭或洋鸭,国外称火鸡鸭、蛮鸭、巴西鸭。在动物学分类上属于鸟纲,雁形目,鸭科,栖鸭属,与一般家鸭同科不同属。

瘤头鸭分布于气候温暖多雨的亚热带地区,是不太喜欢下水的森林禽种,有一定的飞翔能力,爱清洁,不污染垫草和蛋。瘤头鸭虽不是我国土生土长的地方品种,但引进的历史已有 250 年以上,广东、福建、湖南等地以及浙江的中南部饲养比较普遍。如在北方地区饲养,冬季需要保温舍饲。

(一)体型外貌

瘤头鸭的外貌与家鸭有明显的区别,它前后窄,中间宽,如纺锤状,站立时体躯与地面平行。喙基部和头部肌肉两侧有红色或黑色皮瘤,不生长羽毛,雄鸭的皮瘤比雌鸭发达,故称瘤头鸭。喙

较短而窄,胸宽而平,腿短而粗壮,胸、腿的肌肉很发达,翅膀长达尾部,能做短距离飞行。后腹不发达,尾狭长。头顶有1排纵向羽毛,受到刺激时会竖起如冠状。

瘤头鸭的羽毛主要有黑色和白色两种;此外,还有黑白夹杂的花色羽毛。

1. 白羽瘤头鸭 这是目前国内饲养最多的一种。它的全身羽毛白色,喙粉红色,皮瘤红色、呈珠状排列于脸部,虹彩浅灰色,胫、蹼橘黄色。这个品种在屠宰后不残留黑色羽根,胴体美观,羽毛价值较高。

2. 黑羽瘤头鸭 全身羽毛黑色,且带有光泽,皮瘤黑红色、比较小,喙红色带有黑斑,虹彩浅黄色,胫、蹼大多黑色。

3. 花羽瘤头鸭 这种鸭实际上是黑白色两种瘤头鸭的杂种,其身上的羽毛黑白相间,但黑白羽的比例在个体间的差异很大,有的个体白羽多,有的个体黑羽多,一般常见的"三点黑"现象较多,即头顶、背部、尾部的羽毛黑色,其余羽毛都是白色。有的个体只在尾部或头顶出现黑羽,其余部分都是白色羽毛。

(二)主要性能

经我国风土驯化后的瘤头鸭,成年公鸭体重为3.5~4千克,母鸭2~2.5千克。仔鸭90日龄公鸭体重为2.7~3千克;母鸭1.8~2千克。开产期为6~9月龄。年产蛋量为80~120枚;蛋重70~80克,蛋壳为玉白色。公母配种比例为1:7,种蛋受精率85%以上。孵化期为35~36天。母鸭有就巢性,每只母鸭可孵种蛋20枚左右。

瘤头鸭的生长高峰期在9~11周龄,但该品种具有自我平衡早期生长的能力,如前期生长不好,后期改善饲养条件,仍可以达到理想的体重标准。

(三)生活习性

瘤头鸭性情温驯安静,行动较迟笨,常常静立不动,有时一脚着地站立,另一脚卷缩在腹部,把头伸到翅膀下,站立很久而不动,呈金鸡独立状态。在采食以后,常成群伏卧。瘤头鸭喜欢集体生活,适宜于群养。

瘤头鸭叫声低哑,公鸭在性成熟后常发出低哑的嗞嗞声,母鸭在繁殖期内常有唧唧叫声,但都远不及普通家鸭的鸣声洪亮。瘤头公鸭的性情暴烈,有霸气,异群公鸭相遇,常发生激烈而凶猛的打斗,在饲养管理上要注意这一特性,以免造成不必要的损失。但母鸭的性情温驯,合群性特强。

瘤头公鸭在繁殖季节里会散发出麝香气味,故又称为麝香鸭。

六、法国克里莫瘤头鸭

法国是国际上瘤头鸭饲养量最多的国家之一,其瘤头鸭的数量占国内养鸭总数的 80% 以上,且育种工作比较先进。

法国克里莫瘤头鸭(Grimoud Muscovy ducks)是法国克里莫公司培育的品种。该公司育成的 4 个商品系(R31,R41,R51,R61),具有体型大、生长快、瘦肉多和脂肪少等特点,已向世界各地推广。其中 R31 羽色为灰条纹色,R41 羽色为黑色,R51 羽色为白色,R61羽色为蓝条纹色(我国尚未引进)。以上 4 个品系的生产性能差异不大。

法国克里莫瘤头鸭年产蛋量为 150～160 枚;母鸭开产日龄为190～210 天;成年公鸭体重 4.9～5.3 千克,母鸭 2.7～3.1 千克。

法国克里莫瘤头鸭 4 个商品系的主要生产性能见表 2-6。

表2-6　法国克里莫瘤头鸭的主要生产性能

品系	羽色	性别	饲养期（天）	活重（千克）	料肉比（x:1）	胸肌占活重(%)
R31	灰条纹	公	80	4.35	2.70	16.0
		母	65	2.35	2.70	15.5
R41	黑色（肉鲜美）	公	80	4.40	2.75	15.8
		母	65	2.45	2.75	15.3
R51	白色（烤鸭用）	公	80	4.35	2.70	16.0
		母	65	2.35	2.70	15.5
R61	蓝条纹（肥肝用）	公	80	3.95	2.70	15.8
		母	65	2.00	2.70	15.3

现在国际上饲养较多的是 R51,这是属于重型白羽瘤头鸭,父系种公鸭（CR）,全身羽毛白色,性成熟期 28 周龄;母系种母鸭（CA）,羽毛白色,头顶有一块较大的黑斑,性成熟期 28 周龄,两个产蛋期产蛋量 210 枚,种蛋受精率 92％左右。CR 与 CA 杂交的商品代叫 R51,羽毛白色,头顶有一黑色斑块（公鸭的颜色比母鸭深）。

七、绍兴鸭

绍兴鸭（Shouxing ducks）是中国最优秀的高产蛋鸭品种之一。全称绍兴麻鸭,又称为山种鸭、浙江麻鸭。原产于浙江省绍兴、萧山和诸暨等地。该品种具有产蛋多、成熟早、体型小和耗料少等优点,是我国蛋用型麻鸭中的高产品种,最适宜做配套杂交用的母本。该品种既可圈养,又适于在密植的水稻田里放牧。现分布遍及浙江全省、上海市郊各县以及江苏省的太湖地区。

(一)体型外貌

1. 外貌特征 体躯狭长,喙长,颈细,臀部丰满,腹略下垂,站立或行走时前躯高抬,躯干与地面呈 45°角,具有蛋用品种的标准体型,属小型麻鸭。全身羽毛以褐色麻雀羽为基色,但因类型不同,在颈羽、翼羽和腹羽有些差别,可将其分为带圈白翼梢和红毛绿翼梢两种类型,而同一类型公鸭和母鸭的羽毛也有区别。

(1)带圈白翼梢 最明显的特征是颈中部有 2～4 厘米宽的白色羽圈,主翼羽白色,腹部中下部羽毛白色。虹彩灰蓝色,喙橘黄色,喙豆白色,胫、蹼橘红色,爪白色,皮肤淡黄色。公母鸭除以上共同特征外,公鸭的羽毛以深褐色为基色,头部和颈上部墨绿色,性成熟后有光泽;母鸭的羽毛以浅褐色麻雀羽为基色,全身布有大小不等的黑色斑点。

(2)红毛绿翼梢 该类型的特征是颈部无白色羽圈,虹彩褐色,喙灰黄色,喙豆黑色,胫、蹼黄褐色,爪黑色,皮肤淡黄色。公鸭羽毛以深褐色为基色,头部和颈上部墨绿色,性成熟后有光泽;母鸭以深褐色麻雀羽为基色,腹部褐麻色,无白羽,翼羽墨绿色,闪闪发光,称为镜羽。

2. 体重与体尺 对两种类型的绍兴鸭体重与体尺的测定结果见表 2-7。

表 2-7　两种类型绍兴鸭体重与体尺测定结果

类　　型	带圈白翼梢		红毛绿翼梢	
项　　目	公　鸭	母　鸭	公　鸭	母　鸭
平均体重(千克)	1.422	1.271	1.301	1.255
体斜长(厘米)	21.2	19.1	21.1	19.5
胸宽(厘米)	6.5	6.1	6.1	5.9
胸深(厘米)	6.7	6.0	6.2	6.1
龙骨长(厘米)	11.7	10.6	11.3	10.6
骨盆宽(厘米)	5.6	5.4	5.3	5.3
胫长(厘米)	6.1	5.8	6.0	5.9
颈长(厘米)	23.0	19.8	22.9	20.2
半潜水长(厘米)	47.2	42.9	45.9	42.0

(二)主要性能

1. 产肉性能

(1)生长速度　该品种青年鸭阶段过去大多采用放牧饲养,其生长速度受放牧环境和管理条件影响很大。在中等饲养水平下,30 日龄体重为 450～500 克,60 日龄体重 800～900 克,90 日龄体重1 200～1 300 克。在圈养条件下,其生长速度测定结果见表 2-8。

表 2-8　圈养条件下绍兴鸭生长速度测定结果　(单位:克)

类　　型	统计项目	初生重	4 周龄重	8 周龄重	12周龄重	16周龄重	20 周龄重
红毛绿翼梢	平均数	29.2	363	1074	1295	1384	1439
	标准差	3.21	30.89	79.4	90.0	155.4	255.6
带圈白翼梢	平均数	29.93	300	1040	1290	1363	1365
	标准差	2.32	45.01	105.6	70.0	91.2	137.1

(2)屠宰率　成年绍兴鸭屠宰率测定结果见表2-9。

表2-9　成年绍兴鸭屠宰率测定结果

性　　　别	体重(千克)	半净膛率(%)	全净膛率(%)
公　　鸭	1.35	82.5	74.5
母　　鸭	1.48	84.5	74.0

2. 产蛋性能　未经选育前,绍兴鸭的年产蛋量在250枚左右。1976年以来,绍兴地区建立了绍兴鸭科研协作组,对该品种开展了系统的选育,经过20多年的研究,使绍兴鸭的产蛋性能有了明显地提高,目前在同类型品种中,其产蛋量已经达到国际先进水平。

经选育后高产品系500日龄产蛋量可达300~310枚。500日龄产蛋总重为18.5~21千克。300日龄时蛋重为68~71克。产蛋期内料蛋比2.6~2.8:1。

蛋壳颜色以白色为主,尚未完全一致。1999年以来,浙江省农科院畜牧兽医研究所从带圈白翼梢类型中选育出1个青壳2号,青壳率可达92%,其产蛋性能也有所提高。

蛋的品质测定结果见表2-10。

表2-10　绍兴鸭蛋的品质测定结果

类　　型	蛋形指数	哈氏单位	蛋壳厚度(毫米)	蛋壳占全蛋(%)	蛋白占全蛋(%)	蛋黄占全蛋(%)
带圈白翼梢	1.38	82.78	0.379	10.67	55.58	33.72
红毛绿翼梢	1.41	84.58	0.354	10.71	55.56	33.74

3. 繁殖性能　开产日龄为115~120天。群体产蛋率达50%的日龄为135~145天。

据绍兴鸭科研协作组于 1980～1981 年观察记载,绍兴鸭公鸭个体小而灵活,雄性发达,配种交尾能力极强,每天平均有交配动作 24.6 次,有的个体高达 37 次,尤其在春末夏初为最佳时节。故公母配种比例因季节而异,早春为 1:20,夏秋季节为 1:33。种蛋受精率 90% 以上。受精蛋孵化率 85% 左右。

(三)饲养管理要点

第一,绍兴鸭属于神经类型比较敏感的蛋用型鸭,极容易引起应激反应,如饲料品种的调整、饲养环境的改变、管理制度或管理人员的变动等,都会引起应激,轻则影响产蛋,重则造成换羽、停产,损失严重。所以,引种绍兴鸭饲养,必须掌握它的特性,从饲料、饲养、光照和管理等方面都要尽可能保持稳定,千万不可剧变。如要改变一种管理程序或调整饲料,都要循序渐变。

第二,蛋用鸭的主要传染病是鸭瘟、禽霍乱等,其免疫注射都应在开产前(最好在 90 日龄前)完成,千万不可在开产后进行,以免影响产蛋高峰的到来。

第三,绍兴鸭等蛋用鸭在育成期内(30～80 日龄)也要进行适当的控制饲养,不能营养太好。否则,造成过度肥胖,或过早成熟。见蛋日龄控制在 100～110 天,开产期(产蛋率达 50% 日龄)以 135～145 天为好。

第四,优秀的高产蛋鸭品种,在产蛋高峰期内,如果营养跟不上,很容易造成营养不足。应密切注意体重和蛋重的变化,如体重变轻、蛋重变小,要适当提高饲料质量,增加营养浓度,以避免产蛋率过早下降。

八、金定鸭

金定鸭(Jinding ducks)是中国最优秀的高产蛋鸭品种之一。

中心产区在福建省龙海市紫泥乡金定村,故名金定鸭。分布于福建省厦门市郊区及南安、晋江、惠安和漳州等市、县。选育前的金定鸭羽毛颜色较杂,有赤麻、赤眉和白眉 3 种类群。1958 年以来,厦门大学生物系对赤麻类群进行了多年的选育,使金定鸭成为产蛋量高、体型外貌一致和遗传性能稳定的蛋用型优良品种。

(一)体型外貌

1. 外貌特征 属小型蛋用品种,体躯狭长,前躯昂起。公鸭头部和颈部羽毛墨绿色,有光泽;背部羽毛灰褐色,胸部红褐色,腹部灰白色;主尾羽黑褐色,性羽黑色并略上翘;喙黄绿色,虹彩褐色,胫、蹼橘红色,爪黑色。母鸭全身披赤褐色麻雀羽,布有大小不等的黑色斑点,背部羽色从前向后逐渐加深,腹部羽色较淡,颈部羽毛褐色无黑斑,翼羽深褐色;喙青黑色,虹彩褐色,胫、蹼均为橘黄色,爪黑色。

2. 体尺 成年金定鸭体尺测定结果见表 2-11。

表 2-11　成年金定鸭体尺测定结果　(单位:厘米)

项　　目	公　鸭	母　鸭
体斜长	19.99 ± 0.12	19.60 ± 0.10
胸　深	6.13 ± 0.11	5.69 ± 0.08
胸　宽	5.34 ± 0.08	5.84 ± 0.09
龙骨长	11.37 ± 0.08	10.76 ± 0.08
骨盆宽	4.29 ± 0.27	4.27 ± 0.06
胫　长	5.58 ± 0.05	5.50 ± 0.05
颈　长	23.32 ± 0.17	20.00 ± 0.16
半潜水长	51.30 ± 0.27	45.55 ± 0.30
嘴　长	6.74 ± 0.37	6.08 ± 0.04
嘴　宽	2.65 ± 0.03	2.63 ± 0.02

(二)主要性能

1. 产肉性能

(1)生长速度　金定鸭生长速度测定结果见表2-12。

表2-12　金定鸭生长速度测定结果　(单位:克)

性　别	初生重	30日龄重	60日龄重	90日龄重	成年重
公　鸭	47.6	560	1038	1464.5	1580
母　鸭	47.4	550	1037	1465.5	1640

(2)屠宰率　成年母鸭半净膛率79%,全净膛率72%。

与北京鸭、瘤头鸭进行杂交的三元杂交鸭(又称骡鸭或半番鸭),肉用性能更佳,60日龄体重可达2千克左右,半净膛率为74.97%。

2. 产蛋性能　金定鸭年产蛋量为270~300枚,优秀群体可达313枚。平均蛋重为72克左右,蛋壳青色。蛋形指数为1.42~1.45。

3. 繁殖性能　开产日龄在120天左右。公母配种比例为1:25。种蛋受精率90%左右。受精蛋孵化率80%以上。种鸭利用年限:公鸭1年,母鸭3年。但第二年后产蛋性能逐年下降。

九、莆田黑鸭

莆田黑鸭(Putian black ducks)原产于福建省莆田县,分布于福建省的平潭、福清、长乐、连江、福州、惠安、晋江和泉州等县、市。该品种是在海滩放牧条件下发展起来的蛋用品种,既适应软质滩涂放牧,也适应硬质海滩上放牧,且有较强的耐热性和耐盐能力,尤其适合亚热带地区的硬质滩涂饲养,是我国蛋用型品种中惟一黑色羽品种。近年来,福建省农科院畜牧兽医研究所又从黑羽中分离选育出 1 个白羽品系,使莆田黑鸭的品种更加丰富。

(一)体型外貌

1. 外貌特征 公母鸭的全身羽毛都是黑色,喙墨绿色,胫、蹼与爪都是黑色;公鸭头、颈部羽毛有光泽,尾部有性羽,雄性特征明显。体态小巧紧凑,行动灵活迅速,具有蛋用品种的标准体型。

2. 体重和体尺 成年鸭体重和体尺测定结果见表 2-13。

表 2-13 成年莆田黑鸭体重和体尺测定结果

项　目	公　鸭	母　鸭
体重(千克)	1.34	1.63
体斜长(厘米)	19.75	19.57
胸宽(厘米)	6.05	6.67
胸深(厘米)	7.95	7.44
龙骨长(厘米)	11.00	10.46
骨盆宽(厘米)	6.25	6.31
胫长(厘米)	6.51	6.58
颈长(厘米)	17.50	17.66
半潜水长(厘米)	37.78	36.54

(二)主要性能

1. 产肉性能

(1)生长速度 初生重 40.15 克,8 周龄平均重 890.59 克。成年公鸭体重 1.3~1.4 千克,母鸭 1.55~1.65 千克。

(2)屠宰率 莆田黑鸭屠宰率测定结果见表 2-14。

表 2-14 莆田黑鸭屠宰率测定结果

类　别	活重(千克)	半净膛率(%)	全净膛率(%)
休产母鸭	1.5	78.38	71.99
番莆杂交骡鸭 (70 日龄)	1.99	81.91	75.29

2. 产蛋性能 年产蛋量为 250～280 枚。平均蛋重为 63 克左右;蛋壳多数为白色。产蛋期料蛋比为 3:1。

3. 繁殖性能 开产日龄在 120 天左右。公母配种比例为 1:25。种蛋受精率为 90％以上。

十、连城白鸭

连城白鸭(Liancheng white ducks)是我国具有特色的小型白羽品种。主产区在福建省连城县,分布于长汀、上杭、永安和清流等县、市。据清朝道光年间《连城县风俗志》中记载:"鹜有白黑之分,而白鹜为美",说明该地区历来重视这个鸭种。当地中医认为,用连城白鸭的老母鸭煎汤,能滋阴补肾,开胃健脾,特别适合病后体虚者的营养补充,有利于恢复健康。

(一)体型外貌

1. 外貌特征 全身羽毛白色。母鸭喙黑色,公鸭青绿色。胫、蹼灰黑色或黑红色。公母鸭的外貌相似,惟公鸭尾部有 2～4 根卷曲的性羽。该品种体型狭长,头小,颈细长,前胸浅,腹部不下垂,行动灵活,觅食力强,适应于山区丘陵放牧饲养,且神经较敏感,具有小型蛋鸭的共同特点。

2. 体重和体尺 成年连城白鸭体重和体尺测定结果见表 2-15。

表 2-15 成年连城白鸭体重和体尺测定结果

项　目	公　鸭	母　鸭
体重(千克)	1.44	1.32
体斜长(厘米)	20.8	20.6
胸宽(厘米)	6.1	5.4
胸深(厘米)	6.4	6.2
龙骨长(厘米)	10.3	10.3
骨盆宽(厘米)	6.1	5.6
胫长(厘米)	5.6	5.8
颈长(厘米)	21.2	20.3
半潜水长(厘米)	42.0	43.0

(二)主要性能

1. 产肉性能　连城白鸭生长速度测定结果见表 2-16。公鸭全净膛率为 70.3%,母鸭为 71.7%。

表 2-16 连城白鸭生长速度测定结果 (单位:克)

初生重	30 日龄重	60 日龄重	90 日龄重
40～44	250～300	750～1000	1300～1500

2. 产蛋性能　年平均产蛋量为 260 枚左右。平均蛋重为 58 克。蛋壳颜色多数为白色,少数是青色。

3. 繁殖性能　母鸭开产日龄 120 天左右;公鸭性成熟期 150 天左右。公母配种比例为 1:20～25。种蛋受精率 90%以上。

十一、攸县麻鸭

攸县麻鸭(Youxian partridge ducks)是我国小型麻鸭中体型最小的蛋用品种。该品种成熟早、产蛋较多、体小灵活,适于在水稻田中放牧。原产于湖南省攸县的米水和沙河流域一带,以网岭、鸭塘浦、丫江桥和大同桥等地为中心产区。当地养鸭孵化业比较发达,且历史悠久,每年孵化的鸭雏除供本县饲养外,还远销广东、湖北、江西和贵州等省,对促进外地养鸭生产有一定影响。在长期的生产实践中,通过专业鸭农的不断选种,产蛋性能逐步提高,形成了优良的蛋用品种。

(一)体型外貌

1. 外貌特征 公鸭的头部和颈上部羽毛翠绿色、有光泽,颈中部有宽1厘米左右的白色羽圈,颈下部和胸部羽毛红褐色,腹羽灰褐色,尾羽墨绿色;喙青绿色,虹彩黄褐色,胫、蹼橙黄色,爪黑色。母鸭全身羽毛褐色,布有黑色斑点的麻雀羽,有深麻和浅麻两种,以深麻羽者占多数(约70%);喙黄褐色,胫、蹼橙黄色,爪黑色。体型轻小紧凑,体躯略长,前躯高抬,呈船形。

2. 体重和体尺 成年攸县麻鸭体重和体尺测定结果见表2-17。

表 2-17　成年攸县麻鸭体重和体尺测定结果

项　目	公　鸭	母　鸭
体重(克)	1170 ± 20	1230 ± 10
体斜长(厘米)	19.40 ± 0.08	18.39 ± 0.05
胸宽(厘米)	7.47 ± 0.05	7.05 ± 0.03
胸深(厘米)	6.58 ± 0.07	6.16 ± 0.03
龙骨长(厘米)	11.14 ± 0.10	10.41 ± 0.06
骨盆宽(厘米)	5.06 ± 0.05	4.89 ± 0.02
胫长(厘米)	5.31 ± 0.03	5.19 ± 0.03
颈长(厘米)	21.92 ± 0.12	19.01 ± 0.08
半潜水长(厘米)	45.90 ± 0.17	41.50 ± 0.13

(二)主要性能

1. 产肉性能

(1)生长速度　在以放牧为主、适当补饲精料的情况下,不同日龄的体重见表 2-18。

表 2-18　攸县麻鸭生长速度测定结果　(单位:克)

性　别	初生重	30 日龄重	60 日龄重	90 日龄重	120 日龄重
公　鸭	38 ± 0.19	485 ± 3.87	850 ± 10.7	1120 ± 12.5	1340 ± 14.19
母　鸭	38 ± 0.19	485 ± 3.87	852 ± 7.96	1180 ± 9.14	1340 ± 10.78

(2)屠宰率　公鸭 90 日龄半净膛率 84.85%,全净膛率 70.66%;母鸭 85 日龄半净膛率 82.8%,全净膛率 71.6%。

2. 产蛋性能　

在放牧条件下年产蛋量为 200 枚左右,在较好的条件下,产蛋量可达 230 ~ 250 枚。平均蛋重为 62 克。蛋壳颜色:白壳蛋占 90%,青壳蛋占 10%。蛋形指数 1.36,蛋壳厚度

0.36～0.37 毫米。

3. 繁殖性能 开产日龄在 110～130 天。公母配种比例为 1：25。种蛋受精率为 90%～94%。受精蛋孵化率 83%左右。

十二、荆 江 鸭

荆江鸭(Jingjiang ducks)是我国长江中下游分布较广的蛋用型鸭种。主产区在湖北省西起江陵、东至监利的荆江两岸,以江陵、监利等为中心产区,分布于毗邻的洪湖、石首、公安、潜江和荆门一带的平原湖区。

主产区监利等县养鸭业很普遍,禽蛋是荆江地区养殖业的主要产品,由于鸭农十分注意选择高产鸭留种,从而形成了产蛋量较高的荆江鸭品种。

(一)体型外貌

1. 外貌特征 具有小型麻鸭的共同特征。颈细长,肩较狭,背平直,体躯稍长,后躯略宽。公鸭的头部和颈羽翠绿色有光译,前胸和背腰部羽毛红褐色,尾部淡灰色;母鸭头、颈部羽毛黄褐色,背腰部有黑色条斑。喙青色,胫、蹼橘黄色。

2. 体重和体尺 成年荆江鸭体重和体尺测定结果见表 2-19。

表2-19　成年荆江鸭体重和体尺测定结果

项　　目	公　鸭	母　鸭
体重(克)	1340 ± 32	1400 ± 11
体斜长(厘米)	20.13 ± 0.25	19.41 ± 0.19
胸宽(厘米)	7.42 ± 0.06	6.72 ± 0.02
胸深(厘米)	7.06 ± 0.06	6.41 ± 0.04
龙骨长(厘米)	11.10 ± 0.09	10.52 ± 0.04
骨盆宽(厘米)	6.38 ± 0.05	6.25 ± 0.03
胫长(厘米)	6.93 ± 0.20	6.29 ± 0.02
颈长(厘米)	22.13 ± 0.34	19.73 ± 0.12
半潜水长(厘米)	45.86 ± 0.33	43.77 ± 0.27

(二)主要性能

1. 产肉性能

(1)生长速度　荆江鸭生长速度测定结果见表2-20。

表2-20　荆江鸭生长速度测定结果　(单位:克)

性　别	初生重	90日龄重	120日龄重	150日龄重	180日龄重
公　鸭	39.23	1122.5	1415	1516	1679
母　鸭	39.23	1040.5	1333	1494	1504

(2)屠宰率　荆江鸭屠宰率测定结果见表2-21。

表2-21　荆江鸭屠宰率测定结果　(％)

性　别	半净膛率	全净膛率
公　鸭	79.6	72.2
母　鸭	79.9	72.3

2. 产蛋性能 年平均产蛋 214 枚。蛋壳颜色有青色和白色两种,白壳蛋占 74%,青壳蛋占 26%。青壳蛋平均蛋重 60.62 克,白壳蛋较大、平均重 63.55 克。青壳蛋壳厚 0.33 毫米,白壳蛋壳厚 0.35 毫米。

3. 繁殖性能 开产日龄为 100~120 天。公母配种比例为 1:20~25。种蛋受精率 90% 以上。

十三、三穗鸭

三穗鸭(Sansui ducks)产于贵州省东部的低山丘陵河谷地带,以三穗县为中心产区,故名三穗鸭。分布于镇远、岑巩、天柱、台江、剑河、锦屏、黄平、施秉与思南等县。中心产区三穗县已有 300多年的养鸭历史,每年孵化的雏鸭除供应省内以外,还销往湖南和广西等省、自治区。

(一)体型外貌

1. 外貌特征 公鸭头颈部羽毛墨绿色,胸部羽毛红褐色,颈中下部有白色羽圈,背部羽毛灰褐色,腹部羽毛浅褐色;胫、蹼橘红色,爪黑色。母鸭羽毛以深褐色麻雀羽居多,间有少数黑色或黑白花羽的个体,翼部有镜羽;虹彩褐色,胫、蹼橘红色,爪黑色。体躯稍长,近似船形,前躯抬起与地面成 50°角。

2. 体重和体尺 成年三穗鸭体重和体尺测定结果见表 2-22。

表 2-22　成年三穗鸭体重和体尺测定结果

项　目	公　鸭	母　鸭
体重(克)	1690 ± 15.1	1680 ± 21.9
体斜长(厘米)	21.75 ± 0.17	20.29 ± 0.10
胸宽(厘米)	7.29 ± 0.03	7.01 ± 0.04
胸深(厘米)	7.75 ± 0.25	7.25 ± 0.02
龙骨长(厘米)	12.42 ± 0.03	11.12 ± 0.08
骨盆宽(厘米)	6.38 ± 0.22	6.29 ± 0.04
胫长(厘米)	6.88 ± 0.21	6.49 ± 0.03
半潜水长(厘米)	49.18 ± 0.59	45.73 ± 0.01

(二)主要性能

1. 产肉性能

(1)生长速度　三穗鸭耐粗饲,一般在放牧条件下饲养,育雏期内(20日龄),每只平均补饲大米400克,体重可达250~300克。20~70日龄期间,采用放牧饲养,每只平均补饲玉米50~75克,体重可达1~1.2千克。至70日龄,青年鸭的羽毛已经长齐,此时公鸭体重可达1.04千克,母鸭体重可达1.02千克。120日龄时,公鸭体重达1.28千克,为成年体重的75.7%;母鸭体重达1.31千克,为成年体重的77.9%。

(2)屠宰率　成年鸭和青年仔鸭的屠宰率见表2-23。

表2-23 三穗鸭屠宰率测定结果 （%）

性 别	成年鸭		青年仔鸭	
	半净膛率	全净膛率	半净膛率	全净膛率
公　鸭	69.46	65.64	84.34	61.23
母　鸭	73.89	58.69	81.44	66.32

2.产蛋性能　年产蛋量 200～260 枚,平均 240 枚。平均蛋重65 克。蛋壳颜色有白色和青色两种,白壳占 91.9%。

3.繁殖性能　开产日龄为 110～120 天。公母配种比例为 1：20～25。种蛋受精率 85%。受精蛋孵化率 85%～90%。种公鸭可利用 1 年,母鸭可利用 2～3 年。

(三)饲养管理要点

该品种长期在放牧条件下饲养,饲养管理受环境影响较大,致使品种的潜在性能尚未得到充分的发挥。引种后,除了利用当地的放牧条件外,还可采用圈放结合的饲养方式,适当补饲精料(以全价饲料为佳),克服传统饲养方式中只补饲大米或玉米,造成营养源比较单一的缺点,可以进一步提高其生产性能。

十四、山麻鸭

山麻鸭(Mountain partridge ducks)属于小型蛋用型麻鸭。中心产区在福建省龙岩市,分布于龙岩地区各县。

(一)体型外貌

公鸭的头部和颈上部羽毛墨绿色、有光泽,颈部有白色羽圈,胸部羽毛红褐色,背、腰部羽毛灰褐色,腹羽灰白色,翼羽深褐色,尾羽黑色;喙黄绿色,胫、蹼橘红色,虹彩褐色。

母鸭全身羽毛浅褐色,布有大小不等的黑色斑点,如麻雀羽。眼上方有白色眉纹,喙黄色,胫、蹼橘黄色,虹彩褐色。

(二)主要性能

开产日龄在 108 天左右。公母配种比例为 1:20 ~ 25。年产蛋量 240 ~ 299 枚。平均蛋重 66.6 克。成年体重 1.4 ~ 1.6 千克。

十五、卡基-康贝尔鸭

卡基-康贝尔鸭(Khaki Campbell ducks)属于蛋用型品种,由英国育成。该品种由印度跑鸭与法国鲁昂公鸭杂交,再以杂交一代母鸭与绿头野鸭的公鸭杂交,然后经多代选育而成。康贝尔鸭有黑色、白色和黄褐色 3 个品变种,我国是从荷兰引进的黄褐色康贝尔鸭。这种鸭肉质鲜美,有野鸭肉的芳香,且产蛋性能好,性情温驯,不易应激,适于圈养,是目前国际上优秀的蛋鸭品种之一,现已在全国各地推广。

(一)体型外貌

该品种体型较国内蛋鸭品种稍大,体躯宽而深,背宽而平直,颈略粗,眼较小,胸腹部发育良好,体型外貌与我国的蛋用品种鸭有明显的区别,近似于兼用品种的体型。雏鸭绒毛深褐色,喙、胫黑色,长大后羽色逐渐变浅。成年公鸭羽毛以深褐色为基色,头、颈、翼、肩和尾部均为带有黑色光泽的青铜色,喙绿蓝色,胫、蹼橘红色。成年母鸭全身羽毛褐色,没有明显的黑色斑点,头部和颈部的羽色较深,主翼羽也是褐色,无镜羽;喙灰黑色或黄褐色,胫、蹼灰黑色或黄褐色。

(二)主要性能

1. 产蛋性能 500 日龄产蛋量 270～300 枚,产蛋总重 18～20千克。300 日龄蛋重 71～73 克。蛋壳颜色为白色。

2. 成年体重 成年公鸭体重 2.1～2.3 千克,成年母鸭体重 2～2.2 千克。

3. 繁殖性能 开产日龄 130～140 天。公母配种比例为 1:15～20。种蛋受精率为 85％左右。

十六、高 邮 鸭

高邮鸭(Gaoyou ducks)属于肉蛋兼用型麻鸭品种,原产于江苏省高邮、宝应和兴化等市、县,分布于江苏北部京杭运河沿岸的里下河地区。该品种觅食能力强,善潜水,适于放牧,在饲养条件较好的情况下,以具有多产双黄蛋的特点而闻名。

(一)体型外貌

1. 外貌特征 背阔,肩宽,胸深,体躯长方形,具有兼用品种较标准的体型。

公鸭头部和颈上部羽毛深绿色,有闪亮光泽,背、腰、胸部均为褐色芦花羽;腹部白色,臀部黑色,尾部性羽黑色;喙青绿色,喙豆黑色;虹彩深褐色,胫、蹼橘红色,爪黑色,群众称之为"乌头白裆青嘴雄"。

母鸭全身羽毛褐色,布有黑色斑点,如麻雀羽,主翼羽蓝黑色;喙青色,喙豆黑色;虹彩深褐色;胫、蹼灰褐色,爪黑色。产区群众认为母鸭"紧毛细花、细颈长身"者为佳。

雏鸭全身绒毛黄色,并有黑头星、黑线背脊和黑尾巴等特征,喙青色,胫、蹼深墨绿色,爪黑色。

2.体重和体尺 成年高邮鸭体重和体尺测定结果见表2-24。

表2-24 成年高邮鸭体重和体尺测定结果

项 目	公 鸭	母 鸭
平均体重(千克)	2.365	2.625
胸深(厘米)	7.75	7.48
龙骨长(厘米)	12.1	11.85
骨盆宽(厘米)	6.17	6.09
胫长(厘米)	5.92	5.77
半潜水长(厘米)	53.75	50.49

(二)主要性能

1.产肉性能 成年体重2.6千克左右。在放牧条件下,70日龄体重1.5千克,在较好的舍饲条件下可达1.8千克左右。

半净膛率80%以上,全净膛率70%左右。

2.产蛋性能 当地专业鸭农有"春不离百,秋不离六"的说法,即1年有2个产蛋旺季,春季可产蛋100枚,秋季可产蛋60枚,正常年份全年可产蛋160枚左右。据高邮种鸭场1982年测定,全群平均产蛋量152.6枚,高产群120只母鸭平均产蛋183.6枚。经多年选育后,年产蛋量可达200枚左右。

高邮鸭素有善产双黄蛋的特点,双黄蛋的比例占0.3%~1%。平均蛋重为75.9克。蛋壳颜色有青色和白色两种,白壳的占83%。

3.繁殖性能 开产日龄为130~150天。公母配种比例为1:25~33。种蛋受精率90%~94%。受精蛋孵化率85%以上。

(三)饲养管理要点

高邮鸭属兼用型品种,体型比小型麻鸭略大,习惯上用做肉鸭

生产;传统的饲养方式以放牧为主。高邮种鸭场曾用配合饲料和
传统的单一饲料饲喂青年仔鸭进行对比试验,至 50 日龄时,配合
饲料组的活重比喂传统饲料组提高了 43.5%。这说明改善饲养
条件后,还可以进一步提高其生产性能。

在放牧条件下,高邮鸭一年只有春秋两个产蛋期。引种以后,
可采用圈放结合的饲养方式,在放牧环境条件较差时,应提前转为
圈放结合、适当补饲的方式,可望延长产蛋期,提高种鸭的年产蛋
量。

十七、建 昌 鸭

建昌鸭(Jianchang ducks)属于中型麻鸭中肉用性能较好的品
种,素以生产肥肝而闻名,故有大肝鸭的美称。该品种产于四川省
的西昌、德昌、冕宁、米易和会理等市、县。西昌古称建昌,因而得
名建昌鸭。产区位于青藏高原和云贵高原之间的安宁河河谷地
带,属亚热带气候,当地素有腌制板鸭、填肥取肝和食用鸭油的习
惯,经长期的人工选择和培育,才形成了以肉用为主的兼用品种。

(一)体型外貌

1. 外貌特征 体躯宽深,头大颈粗,公鸭的头部和颈上部羽
毛墨绿色、有光泽,颈下部有一白色羽环,胸背部红褐色,腹部银灰
色,尾羽黑色。喙黄绿色,胫、蹼橘红色。母鸭羽毛褐色,有深浅之
别,以浅褐色麻雀羽居多,占 65% ~ 70%。喙橘黄色,胫、蹼橘红
色。此外,还有一部分白胸黑鸭,在群体中约占 15%,这种类型的
公母鸭都是黑色,惟颈下部至前胸的羽毛白色,喙、胫、蹼都是黑
色。近年来,四川农业大学又从建昌鸭中分离出 1 个白羽品系。

2. 体重和体尺 成年建昌鸭体重和体尺测定结果见表 2-25。

表2-25　成年建昌鸭体重和体尺测定结果

项　目	公　鸭	母　鸭
体重(克)	2410 ± 187.9	2035 ± 65
体斜长(厘米)	24.8 ± 0.6	22.1 ± 0.6
胸宽(厘米)	10.7 ± 0.89	8.9 ± 0.58
胸深(厘米)	8.2 ± 0.17	7.3 ± 0.14
龙骨长(厘米)	13.7 ± 0.44	12.1 ± 0.15
骨盆宽(厘米)	9 ± 0.45	8.9 ± 0.47
胫长(厘米)	7.2 ± 0.29	6.6 ± 0.14
颈长(厘米)	21.5 ± 1.45	18.1 ± 0.56
半潜水长(厘米)	50.7 ± 0.93	45.5 ± 0.86

(二)主要性能

1. 产肉性能

(1)生长速度　据四川农业大学家禽研究室测定,初生重47.31克,30日龄体重390克,60日龄体重1 341克。

(2)屠宰率　6月龄建昌鸭屠宰率测定结果见表2-26。

表2-26　6月龄建昌鸭屠宰率测定结果

性　别	半净膛率 (%)	全净膛率 (%)	胸腿肌总重 (克)	胸腿肌占全净膛 (%)
公　鸭	78.95	72.3	327.38	25.84
母　鸭	81.41	74.08	318.6	24.27

成年公鸭体重2.2～2.5千克,母鸭2～2.3千克。肉用仔鸭8周龄活重为1.3～1.6千克。

2. 产蛋性能

年平均产蛋量为150枚左右。平均蛋重72克

左右。蛋壳颜色有青色和白色两种，以青壳占多数。

3．繁殖性能　开产日龄在 150～180 天。公母配种比例为 1:
7～9。种蛋受精率和受精蛋孵化率均为 90% 左右。

4．肝用性能　建昌鸭具有体型大、颈粗短和适于填肥的特
点。据 20 世纪 80 年代调查，在该品种的原产地，群众素有生产肥
肝、制作板鸭的习惯。经过 2 周的填肥，平均肥肝重 220～350 克，
最大的可达 500 多克。填肥 2 周的肝料比为 1:23.81。

十八、大余鸭

大余鸭(Dayu ducks)属于蛋肉兼用型品种。原产于江西省大
余县，分布于周围的遂川、崇义、赣县和永新等赣西南各县及邻近
的广东省南雄市。1930 年前后，为了提高该品种的肉用性能，曾
从广东引进邓坊麻鸭进行杂交，再从杂交鸭中选择优良个体，经过
50 多年的不断选育，才形成现在的大余鸭良种。

大余古称南安，用大余鸭腌制的板鸭，称为南安板鸭，具有皮
薄肉嫩、骨脆可嚼和腊味香浓等特点，在广东省及港、澳地区和东
南亚一带享有盛名，是当地一宗传统的出口特产。

(一)体型外貌

1．外貌特征　公鸭的头部、颈部、背部和腹部等均为红褐色，
少数个体头部和翼羽墨绿色;母鸭羽毛以褐色为基色，布有较大的
黑斑，群众称为"大粒麻"。喙青色 ，胫、蹼均为赭黄色，爪黑色，皮
肤白色。

2．体重和体尺　成年大余鸭体重和体尺测定结果见表 2-27。

表2-27　成年大余鸭体重和体尺测定结果

项　目	公　鸭	母　鸭
体重(克)	2147 ± 25.6	2108 ± 16.3
体斜长(厘米)	22.3 ± 0.15	22.2 ± 0.06
胸宽(厘米)	5.9 ± 0.08	5.9 ± 0.1
胸深(厘米)	8.63 ± 0.05	8.33 ± 0.04
龙骨长(厘米)	12 ± 0.09	11.8 ± 0.04
骨盆宽(厘米)	5.2 ± 0.06	5.6 ± 0.04
胫长(厘米)	6.5 ± 0.13	6.3 ± 0.07
颈长(厘米)	22.3 ± 0.18	20 ± 0.11
半潜水长(厘米)	51.2 ± 0.22	47.9 ± 0.15

(二)主要性能

1. 产肉性能

(1)生长速度　青年大余鸭生长速度测定结果见表2-28。

表2-28　青年大余鸭生长速度测定结果　(单位:克)

性　别	初生重	30日龄重	60日龄重	90日龄重	120日龄重
公　鸭	42	446	944	1423	1819
母　鸭	42	406	899	1462	1776

(2)屠宰率　加工板鸭大多在110～130日龄时屠宰(包括肥育期30天左右),此时体重1.7～1.9千克,要求板鸭重以850克为标准。屠宰率测定结果见表2-29。

表 2-29　大余鸭屠宰率测定结果　（%）

性　　别	半净膛率	全净膛率
公　　鸭	84.1	74.9
母　　鸭	84.5	75.3

2. 产蛋性能　年产蛋量为 170～200 枚。平均蛋重为 70 克。蛋壳白色,平均厚度为 0.52 毫米。

3. 繁殖性能　开产日龄(群体产蛋率达 50%)为 200 天左右。公母配种比例为 1：10。种蛋受精率为 84% 左右,受精蛋孵化率 90% 以上。

十九、巢 湖 鸭

巢湖鸭(Chaohu ducks)原产于安徽省中部、巢湖周围的巢湖、庐江、肥东、肥西、舒城、无为、和县及含山等市、县,除主产区外,每年还有大量雏鸭销往全国各地。由于原产地是长江流域的水稻主要产区之一,素称"安徽粮仓"。丰富的自然资源和良好的饲养环境,为巢湖鸭品种的形成创造了优越的条件,经过长期的选育,逐渐形成了体质健壮、觅食力强、行动敏捷、善于游水及适于放牧的兼用型品种。

(一)体型外貌

1. 外貌特征　体型中等大小,体躯长方形,颈细长,匀称紧凑。

公鸭的头部和颈上部羽毛墨绿色、有光泽,前胸和背腰部羽毛褐色、并带有黑色条斑,腹部白色,臀部黑色,俗称"绿头粉裆";喙黄绿色,胫、蹼橘红色,爪黑色,虹彩褐色。

母鸭全身羽毛浅褐色,并布有黑色细花纹,俗称"浅麻细花",

眼上方有白色或浅黄色眉纹,翼部镜羽蓝绿色;喙黄褐色或黄绿色,胫、蹼橘红色,爪黑色,虹彩褐色。

2．体重和体尺 成年巢湖鸭体重和体尺测定结果见表2-30。

表2-30　成年巢湖鸭体重和体尺测定结果

项　　目	公　鸭	母　鸭
体重(克)	2420±40	2130±20
体斜长(厘米)	23.4±0.37	21.1±0.06
胸宽(厘米)	6.26±0.08	5.57±0.03
胸深(厘米)	7.58±0.11	6.77±0.04
龙骨长(厘米)	13.42±0.16	12.29±0.04
骨盆宽(厘米)	6.14±0.09	6.00±0.04
胫长(厘米)	6.4±0.05	6.03±0.02
颈长(厘米)	25.46±0.24	22.94±0.09
半潜水长(厘米)	54.82±0.3	49.75±0.13

(二)主要性能

1．产肉性能

(1)生长速度　安徽庐江种畜场对巢湖鸭生长速度测定结果见表2-31。

表2-31　巢湖鸭生长速度测定结果

项　　目	初生	30日龄	60日龄	90日龄	120日龄
活重(克)	48.9	388.2	1230.8	1748.4	1971.4
测定只数	954	835	613	352	21

注:测定的鸭随机取样,公母混合,以母鸭占多数

(2)屠宰率　对9月龄成年巢湖鸭屠宰率测定结果见表2-32。

表 2-32 成年巢湖鸭屠宰率测定结果

性 别	测定只数	活重(克)	半 净 膛		全 净 膛	
			重(克)	屠宰率(%)	重(克)	屠宰率(%)
公 鸭	5	2255	1892	83.8	1637	72.59
母 鸭	8	1934	1631	84.36	1420	73.43

2. 产蛋性能 年产蛋量为 160～180 枚。蛋壳颜色为白壳占多数(87.3%),少数青壳(12.7%)。平均蛋重 70 克左右,受季节影响较大,春季平均蛋重 75 克以上。蛋形指数 1.42,哈氏单位 84.09。

3. 繁殖性能 开产日龄为 120～140 天。公母配种比例为 1:25～33。种蛋受精率为 89%～94%。入孵蛋孵化率为 80%～82%。

二十、骡 鸭

骡鸭(Mule ducks)是瘤头鸭(番鸭)与普通家鸭杂交后产生的杂交一代肉鸭。由于这两种鸭在动物学分类上是不同属的,它们之间的结合是远缘杂交,所以,其后代一般都没有生育能力,类似于家畜的马和驴之间所杂交而产生的骡一样,故俗称为骡鸭。对骡鸭的称呼,我国各地尚未统一,福建和台湾等地叫半番鸭,湖南叫泥鸭或靠鸭,江西一带称为葫鸭。

(一)特 点

1. 抗逆能力强,适应性广 骡鸭可以水养或旱养,也可以水旱结合养;可以放牧或圈养,也可以圈放结合养。其抗寒能力比瘤头鸭强,适应范围广,在我国北方地区也可以饲养,一般 8 周龄的育成率在 96%以上。

2. 生长速度快,公母无差异 骡鸭的生长速度比它的亲本都快,特别是比小型麻鸭要快 1 倍左右。而且,饲养期可缩短 2 ~ 3 周。骡鸭一般饲养 8 周龄即可上市,而瘤头鸭的上市都在 10 ~ 11 周龄。瘤头鸭与中小型麻鸭杂交的骡鸭,8 周龄体重可达 2.25 ~ 2.5 千克。骡鸭的亲本——瘤头鸭,其不同性别的体重相差很大,母鸭的体重只有公鸭的 55% ~ 60%。故市场上公瘤头鸭的雏鸭很畅销,母雏鸭的售价低,而骡鸭的特点是公母生长一样快,所以,公雏和母雏都同样畅销。此外,骡鸭还具有补偿生长的能力,即在某个阶段生长受阻,如改善饲养条件后,生长还能赶上去。

3. 饲料利用率高,耐粗饲 骡鸭食性广,喜欢采食青绿多汁饲料,能适应各种粗饲料,尤其是在放牧时这一特点更为突出。即使在圈养条件下,饲料转化率比大型肉鸭好。一般 8 周龄的累计饲料转化率为 1:2.6 ~ 2.8。

4. 瘦肉率高,肉质鲜美 樱桃谷鸭和北京鸭等大型肉鸭的胴体脂肪含量高,腹脂多,皮下脂肪层厚;中小型麻鸭虽肉质好,味鲜美,但由于个体小,胸、腿的净肉不多。骡鸭克服了上述不足,综合了亲本的优点,既有瘤头鸭肉腔厚实、瘦肉率高的优点,又有家鸭肉细嫩鲜美、风味芳香的优点,是老幼妇弱都适宜食用的保健肉。

5. 繁殖率高 生产骡鸭是以产蛋多的家鸭做母本,用体型大、产肉多的瘤头公鸭做父本,利用两个亲本的各自优势进行组合,扬长避短,比瘤头鸭亲本制种,繁殖率可提高 70% 以上,因而降低了雏鸭的成本。

(二)发展前景

近年来,骡鸭的生产既快又好。过去搞骡鸭生产,由于自然交配的受精率太低(30% ~ 40%),故制种困难,成本高。现在采用人工授精方法,克服了技术难点,受精率可达 80% 左右。更由于骡鸭是以高产的家鸭做母本,繁殖力比瘤头鸭有大幅度地提高,种苗成本明显下降,因而大大促进了骡鸭生产的发展。此外,骡鸭的耐寒能力比瘤头鸭强,对环境的要求不苛刻,鸭舍基建投资较少,适于在广大农村推广。目前不仅南方各地(尤其是福建、台湾、广东、浙江等省)都在大力发展骡鸭生产,而且北方地区(特别是黄河以南各地)也发展得较快。

水禽肥肝是一种新型高档的营养食品,风味独特,价格昂贵,畅销于法国等西欧国家。以前生产肥肝都用大型的鹅作为素材,由于鹅的繁殖率太低,1年产蛋的时间只有 5～6 个月,不能做到长年均衡生产,而且成本高;以后又用瘤头鸭做素材,虽繁殖率比鹅有所提高,但只能用公鸭,母鸭的体型太小,不宜做肥肝生产的素材。而骡鸭的母本产蛋多,既能做到长年均衡生产,又有体型大与耐填饲的特点,而且饲料利用率明显高于鹅,这是生产水禽肥肝比较理想的素材。故近年来法国的骡鸭发展很迅速,每年有 3 300 万只骡鸭用做肥肝生产,骡鸭肥肝已占法国肥肝总产量的 96%。可以预计,今后随着我国鸭肥肝生产的兴起,必将进一步推动骡鸭生产的大发展。

(三)亲本的选配与优化组合

1. 亲本组合的最优模式 骡鸭是由栖鸭属鸭和河鸭属鸭杂交而成,从理论上讲,其杂交模式有正交和反交两种,即:

栖鸭属公鸭×河鸭属母鸭(正交)

河鸭属公鸭×栖鸭属母鸭(反交)

在骡鸭生产的实践中,应选择正交模式,其原因是:

第一,杂交用的母本必须产蛋多,才能提高繁殖率,降低成本。而河鸭属母鸭的产蛋量远远高于栖鸭属的瘤头母鸭,无疑是较为理想的母本;而做为杂交用的父本,由于所需的数量远远少于母本,虽产蛋量不高,但只要具有体型大、生长快和肉质好等特点,就可以选用,而瘤头鸭正好具备了做父本的条件。

第二,采用正交模式产生的杂交鸭,不仅具有生长快与体型大的特点,而且公母鸭体型没有差异,生长一样快,克服了反交后代公鸭大母鸭小的缺点。因此,经过生产实践反复验证,正交模式(瘤头鸭♂×家鸭♀)是惟一正确的优化组合。

2. 大型骡鸭的亲本组合 这套杂交组合要求生产的骡鸭体型大、生长快,仔鸭8周龄体重达3.2千克以上,料肉比在2.8:1以下。可供选择的杂交亲本组合有:

法国克里莫白羽瘤头鸭(CR)♂×北京鸭♀

中国白羽瘤头鸭♂×樱桃谷鸭SM♀

中国白羽瘤头鸭♂×奥白星2000♀(或丽佳鸭♀)

由以上3个组合生产的骡鸭,虽可以达到体型大和生长快的目的,但缺点是母本体型太大,耗料多,产蛋少,生产成本较高。

3. 中型骡鸭的亲本组合 这套杂交组合生产的骡鸭体型和生长速度处于中等水平,仔鸭8周龄体重2.5~3.2千克,料肉比2.8:1左右。可供选择的杂交亲本组合有:

中国白羽瘤头鸭♂×北京鸭♀

法国克里莫白羽瘤头鸭(CR)♂×建昌鸭♀(或高邮鸭♀)

中国白羽瘤头鸭♂×北金、北绍、北莆3种杂交一代鸭♀

上述3个组合中,前两组母本的产蛋性能较差,故制种成本较高。目前生产上采用较多的是后一组组合,即母本用两元杂交母鸭,这种杂交鸭都以北京鸭的公鸭做第一父本,然后与金定母鸭(北金),或绍兴母鸭(北绍),或莆田母鸭(北莆)杂交,再将两元杂交的母鸭与白瘤头鸭的公鸭杂交。这种由3个亲本组成的组合模式,又称为三元杂交,它既克服了母本产蛋少的缺点,又可获得杂交优势强的中型骡鸭,所以,受到生产者的欢迎。

4. 小型骡鸭的亲本组合 这套杂交组合生产的骡鸭体型较小,生长速度较慢些,料肉比3:1左右,但它的母本产蛋多、体型小、耗料省、制种的成本较低,且骡鸭的体型小,肉质鲜美,颇受酒

店、宾馆和部分消费者的欢迎。这套杂交的亲本组合有：

中国白羽瘤头鸭♂×金定鸭♀

中国白羽瘤头鸭♂×绍兴鸭♀

中国白羽瘤头鸭♂×莆田鸭♀

除以上3个组合的母本外，我国其他地方品种的母鸭也可代替使用，只是由于产蛋量较低，所以，生产成本要稍高一些。

二十一、绿头野鸭

野鸭是各种野生鸭的统称，种类很多。现经人工驯养的大多是绿头野鸭和少数斑嘴鸭。

野鸭肉脂肪较少，清香鲜美，营养丰富，肌肉纤维细嫩，蛋白质和无机盐含量比普通家鸭高，传说具有滋阴、润肺和温胃的功能，是增加营养、气血双补、老弱妇幼皆宜的绿色食品，因而受到广大消费者青睐。

野鸭生活力强，耐粗饲，容易饲养，适应性广，鱼塘小溪、江河湖泊之滨都可以饲养。人工驯养的野鸭，仍然保存着爱嬉水、群居、善飞翔、食性广和抗病力强等特点，但生长速度还不及小型家养麻鸭，部分个体还有就巢性，现在大多采用人工孵化的方法，进行集约化的规模生产。

（一）体型外貌

绿头野鸭是我国大多数家鸭的祖先，是最常见的一种大型野鸭。其显著的特点是，公鸭的头部和颈部都是墨绿色，光彩鲜艳，故名绿头鸭。成年公鸭的颈中部有1环状白色羽圈，宽2~4厘米，体背侧羽毛灰褐色，胸腹部羽毛灰白色，翼部主翼羽蓝绿色、有光泽。尾部有4根蓝黑色的性羽，向上卷曲如弯钩状，据此可鉴别公母性别。喙、胫、蹼均为青黄色。

成年母鸭全身羽毛以褐色为基色,布有大小不等的黑褐色雀斑,体背侧的雀斑较粗大,胸腹部颜色较浅,雀斑较细小,翼部主翼羽深褐色,头部眼上方有一条浅黄色眉纹,喙灰黄色,胫、蹼橙黄色。

(二)主要性能

成年公鸭体重 1.2~1.4 千克,母鸭 1~1.2 千克。公鸭 150 日龄后,可以放入母鸭群中交尾配种,母鸭 150~160 日龄开始产蛋。仔鸭饲养 60~70 日龄,体重可达 1 千克左右,但此时羽毛尚未长齐,胸、腿肌肉尚欠发达,俗话说肉膛欠厚。一般饲养至 80~90 日龄,体重达 1.1~1.2 千克时出售或屠宰,最受消费者欢迎。

一般每年有春季和秋季两个产蛋期,可产蛋 60 枚左右;经过人工驯养,改善饲料和环境后,产蛋的季节性不明显,年产蛋量可达 120~150 枚。平均蛋重 60 克左右。蛋壳多为白色。公母配种比例为 1:20 左右,种蛋受精率 85% 以上。

第三章 鹅的优良品种

一、狮头鹅

　　狮头鹅(Lion head geese)是我国最大型的鹅种,羽毛灰褐色,头形特别,前额和颊侧肉瘤大而发达,形状似狮头,因而得名狮头鹅。原产于广东省饶平县溪楼村一带,后传至潮安、澄海等地,与当地的鹅种杂交后,选择具有狮头外貌特征的后裔留种。该品种的形成,还与当地的风俗习惯有着密切关系。在原产地,每逢过年过节、拜神祭祖时,必以鹅为祭品,同时举行赛鹅活动,以最大者为荣,促使养鹅户精心选育和饲养大型鹅种,经过长期的人工选育,才成为我国惟一的大型鹅种。现在的主要产区在广东省澄海市及汕头市郊区,即潮、汕平原一带,并建立了澄海种鹅场。

(一)体型外貌

　　1. 外貌特征　体躯似方形,头大颈粗,肉瘤发达,并向前方突出,覆盖于喙的上方,两颊有左右对称的黑色肉瘤 1～2 对,尤其是公鹅和 2 岁以上的母鹅,肉瘤突出更明显。喙短小,呈黑色;脸部皮肤松软,眼皮突出,看似眼球下陷,虹彩褐色;颌下咽袋发达,一直延伸至颈部;胫、蹼橙红色,并带有黑斑。

　　全身羽毛以灰褐色为基色,前胸和背部的羽毛以及翼羽均为棕褐色,边缘色较浅,呈镶边羽。从头顶起有 1 条深褐色羽毛带,通过颈脊直至背部,似马鬃状。腹部羽毛颜色较浅,呈白色或灰白色。

　　2. 体尺　成年狮头鹅体尺测定结果见表 3-1。

表 3-1　成年狮头鹅体尺测定结果　（单位：厘米）

项　目	公　鹅	母　鹅
体斜长	42.7	36.9
胸　深	15.6	14.9
龙骨长	24.7	21.7
骨盆宽	11.6	10.3
胫　长	13.1	11.5

（二）主要性能

1. 产肉性能

（1）生长速度　在以放牧为主的饲养条件下，其生长速度随季节的变化而有差异，每年以 9～11 月份出壳的雏鹅生长最快（表 3-2），饲料利用率也最高。

表 3-2　狮头鹅雏鹅生长速度测定结果　（单位：克）

性　别	初生重	30 日龄重	60 日龄重	70 日龄重
公　鹅	134	2249	5550	6415
母　鹅	133	2063	5115	5815

成年公鹅平均体重为 10.39（9.7～11.3）千克，母鹅平均体重为 8.86（8.25～11）千克。

（2）屠宰率　70～90 日龄狮头鹅屠宰率测定结果见表 3-3。

表 3-3　70～90 日龄狮头鹅屠宰率测定结果

性　别	活重（克）	半净膛率（%）	全净膛率（%）
公　鹅	6180	81.9	71.9
母　鹅	5510	84.2	72.4

2. 产蛋性能 第一年产蛋量为 20～24 枚,2 年以上的每年产蛋量为 24～30 枚。第一年平均蛋重 170～180 克,第二年 210～220克。蛋壳颜色为乳白色。第一年蛋形指数 1.48,第二年 1.53。

3. 繁殖性能 在 7 月龄左右即开产。青年公鹅配种在 200 日龄以上。公母配种比例为 1∶5～6。1 年母鹅种蛋受精率 70% 左右,2 年以上 80% 左右。1 年母鹅受精蛋孵化率 87%,2 年以上90%。

种母鹅可利用 5～6 年,盛产期在第二至第四年;种公鹅只用2～4 年。

母鹅有较强的就巢性,全年就巢 3～4 次。一般产蛋 6～10 枚后就巢 1 次,可进行自然孵化。

4. 肥肝性能 该品种有较好的肝用性能,一般经 3～4 周填饲,肥肝重 600～750 克,肝料比 1∶35 左右。

二、郎 德 鹅

郎德鹅(Landaise geese)是当前国外肥肝生产中最优秀的肝用品种。原产于法国西南部的郎德省,该地区除郎德鹅外,还有托罗士鹅(Toulouse geese)和玛瑟布鹅(Masseube geese)2 个大型的灰鹅品种,这 3 种鹅相互杂交,经过不断选育,逐渐形成了所谓的郎德系统,现在法国统称为西南灰鹅,也叫郎德鹅。此外,在法国和匈牙利,通过杂交来选育白色羽毛的郎德鹅,正在受到人们的重视。我国引进的是灰色羽毛的郎德鹅。

(一)体型外貌

全身羽毛以灰褐色为基色,颈、背部的羽毛颜色较深,近似黑褐色,颈羽稍有卷曲,胸部羽色渐浅、呈银灰色,腹部羽毛乳白色。

郎德鹅喙尖而短,头部肉瘤不明显,颈上部有咽袋,背宽胸深,腹部下垂。体型硕大,其体态具有从灰雁驯养的欧洲鹅的特征,当站立或行走时,体躯与地面几乎呈平行状态,与中国鹅前躯高抬、昂首挺胸的姿势有明显区别。

(二)主要性能

成年公鹅体重 7～8 千克,母鹅 6～7 千克。8 周龄活重 4.5 千克左右;13 周龄公鹅活重 5.8 千克、母鹅 5.2 千克;经强制填饲 2 周后屠宰,活重达到 8.1～8.5 千克,肥肝重可达 750～850 克。

7～8 月龄开产。年平均产蛋量为 40 枚左右。蛋重为 180～200 克。

公母配种比例为 1:3～4;种蛋受精率较低,只有 65%左右。

种母鹅可利用 3 年左右,种公鹅只能用 1 年,此后种蛋受精率降低。该品种有就巢性,但比较弱。

三、四川白鹅

四川白鹅(Sichuan white geese)主要产区在四川省温江、乐山、宜宾、隆昌和达县等县、市;广泛分布于平坝和丘陵水稻产区。四川白鹅是我国中型白色羽品种中惟一无就巢性而产蛋量较高的品种。

(一)体型外貌

1. 外貌特征 公母鹅的全身羽毛都是白色;喙、肉瘤、胫与蹼都是橘红色,虹彩灰蓝色。公鹅体型较大,颈粗,肉瘤突出;母鹅体型略小,颈细长,头清秀,肉瘤不明显。

2. 体重和体尺 成年四川白鹅体重和体尺测定结果见表3-4。

表 3-4　成年四川白鹅体重和体尺测定结果

项　目	公　鹅	母　鹅
体重(克)	5000 ± 20	4900 ± 90
体斜长(厘米)	30.50 ± 0.24	29.00 ± 0.17
胸宽(厘米)	10.80 ± 0.12	9.80 ± 0.10
胸深(厘米)	9.8 ± 0.12	9.2 ± 0.07
骨盆宽(厘米)	10.2 ± 0.07	9.5 ± 0.08
胫长(厘米)	10.9 ± 0.07	9.5 ± 0.08
半潜水长(厘米)	62.9 ± 0.49	61.6 ± 0.49

(二)主要性能

1. 产肉性能

(1)生长速度　四川白鹅生长速度测定结果见表3-5。

表 3-5　四川白鹅生长速度测定结果

项　目	初　生	60 日龄		90 日龄	
		日增重	期末重	日增重	期末重
重量(克)	71.1	40.1	2476.5	34.8	3518.9

(2)屠宰率　四川白鹅屠宰率测定结果见表3-6。

表 3-6　6月龄四川白鹅屠宰率测定结果

性　别	半净膛率 (%)	全净膛率 (%)	胸腿肌肉重 (克)	胸腿肌占全净膛 (%)
公　鹅	86.28	79.27	829.5	29.71
母　鹅	80.69	73.21	644.6	20.40

2. 产蛋性能　年产蛋量 60 ~ 80 枚。蛋重 140 ~ 150 克。蛋壳

颜色为白色。

3.繁殖性能 200～240日龄开产。公母配种比例为1:4左右。种蛋受精率85%以上。受精蛋孵化率84%左右。该品种没有就巢性,种蛋均采用人工孵化。

4.羽绒产量 种鹅育成期可拔羽3次,每只平均198.66克,其中绒羽46.83克,含绒率23.57%;种鹅休产期可拔羽3次,每只平均236克,其中绒羽51.26克,含绒率21.72%。

四、皖西白鹅

皖西白鹅(Western Anhui white geese)产于安徽省西部的丘陵山区和河南省固始县;中心产区在安徽省的霍邱、寿县、六安、肥西、舒城和长丰等县、市。具有生长快、耐粗饲、觅食能力强、肉质好和羽绒品质优良等特点,是我国中型白羽优良鹅种之一。

(一)体型外貌

1.外貌特征 具有典型中国鹅的外貌特征,头中等大小,前额有高高的肉瘤突起,颈长而呈弓形。公鹅体躯略长,胸部丰满,前躯高抬,似昂首挺胸状;母鹅体躯呈椭圆形。少数个体有咽袋。

全身羽毛均为白色,喙和肉瘤橙黄色,胫、蹼橘红色,虹彩灰蓝色。

2.体重和体尺 成年皖西白鹅体重和体尺测定结果见表3-7。

表3-7　成年皖西白鹅体重和体尺测定结果

项　目	公　鹅	母　鹅
体重(克)	6120 ± 110	5560 ± 50
体斜长(厘米)	31.37 ± 0.15	30.38 ± 0.07
胸宽(厘米)	10.62 ± 0.12	10.05 ± 0.04
胸深(厘米)	11.34 ± 0.13	10.76 ± 0.06
龙骨长(厘米)	20.02 ± 0.14	20.05 ± 0.07
骨盆宽(厘米)	11.47 ± 0.13	11.80 ± 0.06
颈长(厘米)	39.78 ± 0.17	38.18 ± 0.08
胫长(厘米)	7.92 ± 0.08	7.65 ± 0.04

(二)主要性能

1. 产肉性能

(1)生长速度　在粗放饲养条件下,皖西白鹅生长速度测定结果见表3-8。如果改善饲养条件,其生长速度还有较大的提高潜力。

表3-8　皖西白鹅生长速度测定结果

日　龄	30 日龄	60 日龄	90 日龄
体重(千克)	1.5	3 ~ 3.5	4.5

(2)屠宰率　8月龄放牧饲养的鹅,半净膛率79%,全净膛率72.8%。

2. 产蛋性能　年产蛋量25 ~ 40枚,平均蛋重140克左右。蛋壳颜色为白色。

3. 繁殖性能　6 ~ 9月龄开产。公母配种比例为1∶4 ~ 5。种蛋受精率85%以上。种母鹅可利用5 ~ 6年,公鹅不超过3年。

该品种有较强的就巢性,每年就巢2~3次。

4. 产绒性能 成年鹅每次可活拔羽绒200克左右(不包括大翅),其中纯绒50克左右,且绒朵较大。

五、浙东白鹅

浙东白鹅(Eastern Zhejiang white geese)是我国中型鹅种中肉质较好的地方品种。主要产区在浙江省东部的奉化、象山与舟山等市、县,故称为浙东白鹅。广泛分布于浙江省的鄞县、绍兴、余姚、慈溪、上虞、嵊州和新昌等县、市。具有生长快和肉质鲜美等特点。肉用仔鹅经短期肥育,宰后加工成"宁波冻鹅",销往香港、新加坡等地,深受当地消费者欢迎,并成为我国供港食品中的著名品牌之一。

(一)体型外貌

1. 外貌特征 体躯长方形,颈细长,无咽袋;额上肉瘤高突,呈半球形覆盖于头顶,公鹅比母鹅更明显,老龄鹅的肉瘤比青年鹅更大。

全身羽毛白色,仅有少数个体在头、颈部或背腰处夹杂有黑色斑块。喙、胫、蹼幼年时均为橘黄色,成年后橘红色,爪白色,眼睑金黄色,虹彩灰蓝色。

2. 体重和体尺 成年浙东白鹅体重和体尺测定结果见表3-9。

表 3-9 成年浙东白鹅体重和体尺测定结果

项 目	公 鹅	母 鹅
体重(克)	5040 ± 40	3990 ± 20
体斜长(厘米)	30.50 ± 0.11	28.20 ± 0.05
胸宽(厘米)	8.70 ± 0.11	8.20 ± 0.05
胸深(厘米)	9.40 ± 0.09	8.50 ± 0.04
龙骨长(厘米)	18.10 ± 0.19	15.70 ± 0.04
骨盆宽(厘米)	7.80 ± 0.07	7.30 ± 0.04
胫长(厘米)	9.10 ± 0.07	8.30 ± 0.03
颈长(厘米)	33.00 ± 0.12	29.10 ± 0.05

(二)主要性能

1. 产肉性能

(1)生长速度 浙东白鹅在放牧条件下的生长速度测定结果见表 3-10。

表 3-10 浙东白鹅在放牧条件下的生长速度测定结果

日 龄	初生	30 日龄	60 日龄	75 日龄	120 日龄
平均重(克)	105	1315	3509	3773	4371
测定只数	18	90	46	28	39

(2)屠宰率 浙东白鹅半净膛率为 81%,全净膛率为 72%。

2. 产蛋性能 年产蛋量为 35 ~ 45 枚。蛋重为 140 ~ 150 克。蛋壳颜色为乳白色。

3. 繁殖性能 开产期在 6 月龄左右,公鹅初配控制在 7 月龄以上。公母配种比例为 1∶10 ~ 15。种蛋受精率 90% 以上。受精蛋孵化率 90% 以上。种公鹅可利用 3 ~ 5 年,种母鹅可利用 5 ~ 6

年。就巢性较强,每年平均 3 次左右。

(三)饲养管理要点

浙东白鹅是以肉质肥嫩、鲜美芳香而脍炙人口,这除了它的种质特性外,还与饲养管理方法有密切关系。在原产区,青年鹅阶段一般都采用放牧饲养,很少补喂精料,养至 60~70 日龄前后,用于出口的"宁波冻鹅",则由加工企业收购,在肥育场里用高能低蛋白的饲料(在此期内不喂青粗饲料),经 2 周左右的肥育饲养后,便能使它膘肥体壮,宰后胴体丰满,肉味鲜美芳香,无青草气味。同样,农家自养鹅,都在宰前经 10~15 天的短期肥育,使屠宰率和肉的品质提高一大步。

这种宰前肥育的方法,对于在青年鹅时期采用放牧饲养的其他品种,也同样适用,可改善胴体品质,使肉味更加鲜美可口。

六、雁 鹅

雁鹅(Yan geese)原产于安徽省霍邱、寿县、六安、舒城、肥西及河南省的固始等县,该地区饲养灰褐色羽毛的雁鹅历史较早。20世纪 60 年代以来,在安徽省广德、郎溪等县以及江苏省西南部与安徽省接壤的丘陵地带,又形成了雁鹅的新产区。

(一)体型外貌

1. 外貌特征 雁鹅具有中国鹅的典型外貌和体态特征。头中等大小,前额有发达而光滑的肉瘤,颈较长呈弓形,似天鹅颈;胸部丰满宽大,前躯高抬,昂首挺胸;公鹅体躯呈长方形,母鹅呈椭圆形、后躯发达。部分个体有咽袋和腹褶。

成年鹅羽毛以灰褐色为基色,颈的背侧有 1 条明显的灰褐色羽带,体躯的羽毛颜色由上而下逐渐从深到浅,直至腹部成为灰白色或白色;背、翼、肩及腿部的羽毛都是镶边羽(即灰褐色羽镶白色边),而且排列整齐。头顶肉瘤黑色,呈半球形向前方突出,肉瘤边缘及喙的基部有半圈白羽,喙扁阔、黑色,眼球黑色,虹彩灰蓝色,胫、蹼橘黄色(少数有黑斑),爪黑色。雏鹅全身绒毛墨绿色或棕褐色;喙、胫、蹼均为灰黑色。

2. 体重和体尺 成年雁鹅体重和体尺测定结果见表3-11。

表3-11 成年雁鹅体重和体尺测定结果

项 目	公 鹅	母 鹅
体重(克)	6020 ± 70	4770 ± 170
胸宽(厘米)	14 ± 0.17	12.3 ± 0.06
胸深(厘米)	11.5 ± 0.15	10.3 ± 0.08
龙骨长(厘米)	19.5 ± 0.16	16.7 ± 0.07
骨盆宽(厘米)	9.2 ± 0.11	8.4 ± 0.05
胫长(厘米)	11.3 ± 0.1	10.3 ± 0.05
颈长(厘米)	36.7 ± 0.19	32.6 ± 0.09

(二)主要性能

1. 产肉性能

(1)生长速度 雁鹅生长速度测定结果见表3-12。

表3-12 雁鹅生长速度测定结果 (单位:克)

性 别	测定只数	不同日龄的体重					
		初生	30 日龄	60 日龄	90 日龄	120 日龄	150 日龄
公 鹅	180	109	792	2437	3947	4513	5340
母 鹅	150	106	810	2170	3462	3955	4775

(2)屠宰率 雁鹅屠宰率测定结果见表3-13。

表3-13　雁鹅屠宰率测定结果

性　　别	测定只数	体重(克)	半净膛		全净膛	
			胴体重(克)	屠宰率(%)	胴体重(克)	屠宰率(%)
公　鹅	20	6349	5468	86.12	4609	72.59
母　鹅	5	5122	4299	83.93	3346	65.32

2. 产蛋性能　年产蛋量为 25~35 枚。通常每年有 3 个产蛋期,少数个体有 4 个产蛋期,在第一个产蛋期内可产蛋 10~12 枚,第二、第三个产蛋期内可产蛋 8~10 枚,第四个产蛋期产蛋更少。每期产蛋结束后,即进入就巢休产期,故雁鹅又称"四季鹅"。

平均蛋重为 150 克左右。蛋壳平均厚度为 0.6 毫米,蛋壳颜色为白色。蛋形指数 1.51。

3. 繁殖性能　7~9 月龄开产。公母配种比例为 1:5 左右。种蛋受精率为 85% 以上。种公鹅可利用 1~2 年;母鹅开产后,3 年内产蛋量逐年提高,一般可利用 5 年。

就巢性较强,一般每年就巢 2~3 次,个别有 4 次。

七、溆 浦 鹅

溆浦鹅(Xupu geese)原产于湖南省沅水支流的溆水沿岸的溆浦县,中心产区在该县的新坪、马田坪、水车等地,与溆浦县临近的隆回、洞口、新化及安化等县均有分布。该品种具有耐粗饲、觅食能力强和生长较快等特点,它是我国中型鹅种中产肥肝性能较好的品种,肝重可达 500~600 克。

(一)体型外貌

1. 外貌特征　具有中国鹅的共同特征。额上肉瘤突起,颈较长呈弓形,前躯丰满而高抬,体型匀称紧凑。公鹅体躯长方形,

· 58 ·

母鹅椭圆形。羽毛颜色有白色和灰色两种,以白色占多数。白羽溆浦鹅的喙、肉瘤、胫、蹼都是橘黄色,皮肤浅黄色,眼睑黄色,虹彩灰蓝色。灰羽溆浦鹅的背、尾和颈部羽毛都是灰褐色,腹部白色,皮肤浅黄色,虹彩灰蓝色,胫、蹼为橘红色,肉瘤和喙都是黑色。

2.体重和体尺　成年溆浦鹅体重和体尺测定结果见表3-14。

表3-14　成年溆浦鹅体重和体尺测定结果

项　目	公　鹅	母　鹅
体重(千克)	5.6～6.5	5.5～6
体斜长(厘米)	39.4±0.15	37.3±0.25
胸宽(厘米)	13.3±0.19	12±0.06
胸深(厘米)	10.7±0.17	9.4±0.05
龙骨长(厘米)	19.6±0.14	17.2±0.12
骨盆宽(厘米)	9.20±0.09	8.6±0.05
胫长(厘米)	12.5±0.09	11.2±0.04
颈长(厘米)	40.5±0.16	35.9±0.17

(二)主要性能

1.产肉性能

(1)生长速度　溆浦鹅生长速度测定结果见表3-15。

表3-15　溆浦鹅生长速度测定结果

日　龄	初生	30日龄	60日龄	90日龄	120日龄	150日龄	180日龄	
							公鹅	母鹅
平均重(克)	122	1538	3158	4421	4550	5250	5890	5335
测定只数	285	285	285	225	53	54	16	34

(2)屠宰率　溆浦鹅屠宰率测定结果见表3-16。

表 3-16　　溆浦鹅屠宰率测定结果

性别	只数	平均重（克）	胴体重（克）	半 净 膛		全 净 膛	
				胴体重（克）	屠宰率（%）	胴体重（克）	屠宰率（%）
公鹅	5	6640	6096	5886	88.6	5356	80.7
母鹅	10	5895	5350	5145	87.3	4711	79.9

2. 产蛋性能　年平均产蛋 30 枚左右。平均蛋重 200 克左右。蛋壳厚度 0.62 毫米，蛋壳白色。蛋形指数 1.28。

3. 繁殖性能　7～8 月龄开产。公母配种比例为 1：3～5。受精率 95% 以上，受精蛋孵化率 93.5%。种公鹅可利用 3～5 年，母鹅 5～7 年。就巢性比较强，每年 2～3 次，多的达 5 次。

八、莱茵鹅

莱茵鹅(Rhin geese)原产于德国的莱茵州，在欧洲大陆分布很广，产蛋量较高。在法国和匈牙利，通常以郎德鹅做父本，与该品种的母鹅交配，用杂交鹅生产肥肝；或以意大利鹅做父本，与该品种杂交，用以生产肉用仔鹅。

(一)体型外貌

全身羽毛白色，喙、胫与蹼均为橘黄色。初生雏鹅绒毛灰白色，随日龄增长，毛色逐渐变浅，至 6 周龄时全身都是白色羽毛。

莱茵鹅的体型与中国鹅有明显不同，它具有欧洲鹅的体态特征，前额肉瘤小而不明显，喙尖而短，颈较粗短，背宽胸深，身躯呈长方形，当站立或行走时，体躯与地面几乎成平行状态，与中国鹅昂首挺胸的雄姿截然不同。

(二)主要性能

成年公鹅体重5~6千克,母鹅4.5~5千克。初生重110克,4周龄重2.2千克,8周龄重4.5千克左右。7~8月龄开产。年产蛋量为50~60枚。蛋重150~190克。公母配种比例为1:3~4,种蛋受精率75%左右。纯种的肥肝重400克左右,与郎德鹅杂交后平均肥肝重可达500克以上。

九、豁 眼 鹅

豁眼鹅(Huoyan geese)又称五龙鹅、疤拉眼鹅、豁鹅。原产于山东省莱阳地区,后随山东移民带到东北各省,并经不断的选育而成。现广泛分布于辽宁省昌图、吉林省通化以及黑龙江省延寿等地,是我国产蛋量最高的白羽小型地方品种。

(一)体型外貌

1. 外貌特征　豁眼鹅体型轻小紧凑,肉瘤突起,颈细长呈弓形,体躯为椭圆形,背平宽,胸丰满,前躯挺拔高抬。除上述中国鹅的共同特征外,最明显的特征是,上眼睑有一疤状缺口,故称疤拉眼鹅。少数个体颌下有咽袋,腹部有腹褶。

成年鹅全身羽毛白色,喙、肉瘤、胫和蹼都是橘红毛,虹彩蓝灰色,眼睑淡黄色。雏鹅绒毛黄色。

2. 体重和体尺　成年豁眼鹅体重和体尺测定结果见表3-17。

表3-17 成年豁眼鹅体重和体尺测定结果

产区	项　目	公　鹅	母　鹅
山东省莱阳市	体重(克)	4360±350	3610±280
	体斜长(厘米)	27±1.06	24.22±6.89
	胸宽(厘米)	8.03±0.8	7.33±0.48
	胸深(厘米)	8.73±0.65	8.23±0.73
	龙骨长(厘米)	15.73±0.32	14.8±0.69
	骨盆宽(厘米)	6.96±0.24	7.13±0.2
	胫长(厘米)	8.64±0.64	7.91±0.35
	颈长(厘米)	34.35±1.73	28.27±1.1
	半潜水长(厘米)	69.77±4.84	56.18±1.63
辽宁省昌图县	体重(克)	4440±350	3820±350
	体斜长(厘米)	31.55±1.8	29.13±1.66
	胸宽(厘米)	5.66±0.57	5.41±0.48
	胸深(厘米)	7.98±1	7.97±0.58
	龙骨长(厘米)	17.1±1.28	15.3±1.15
	骨盆宽(厘米)	6.79±0.58	6.02±0.45
	胫长(厘米)	7.95±0.69	7.05±0.44
	颈长(厘米)	31.8±0.92	28.12±1.44
	半潜水长(厘米)	68.8±1.87	61.42±1.23
吉林省靖宇县	体重(克)	4580	3720
	体斜长(厘米)	28.79	27.04
	胸宽(厘米)	10.28	8.76
	胸深(厘米)	9.54	8.68
	龙骨长(厘米)	17.32	15.54
	骨盆宽(厘米)	8.41	8.33
	胫长(厘米)	9.38	8.68
	颈长(厘米)	30.55	28.18
	半潜水长(厘米)	64.54	59.22

续表 3-17

产区	项　目	公　鹅	母　鹅
黑龙江省延寿县	体重(克)	3720 ± 510	3120 ± 430
	体斜长(厘米)	26.05 ± 1.09	24.56 ± 1.05
	胸宽(厘米)	6.85 ± 0.64	6.66 ± 0.64
	胸深(厘米)	8.34 ± 0.49	7.96 ± 0.49
	龙骨长(厘米)	16.87 ± 0.69	15.07 ± 0.57
	骨盆宽(厘米)	6.56 ± 0.46	5.76 ± 0.42
	胫长(厘米)	7.8 ± 0.3	7.48 ± 0.41
	颈长(厘米)	33.6 ± 1.52	28.59 ± 1.96
	半潜水长(厘米)	64.9 ± 1.49	57.41 ± 2.03

(二)主要性能

1. 产肉性能

(1)生长速度　不同产区测定的生长速度有些差异,见表 3-18。

表 3-18　豁眼鹅生长速度测定结果　(单位:克)

测定产区	初生重		30 日龄重		60 日龄重		90 日龄重	
	公	母	公	母	公	母	公	母
山东、吉林 (平均数)	70 ~ 77.7	68.4 ~ 78.5	502 ~ 513.7	349.7 ~ 480	1387.5 ~ 1479.9	884.3 ~ 1523.3	1906.3 ~ 2468.8	1787.5 ~ 1883.3
辽宁昌图 (公母平均)	79.5		1150		2850		4100	

(2)屠宰率　豁眼鹅屠宰率测定结果见表 3-19。

表 3-19 豁眼鹅屠宰率测定结果

项　目	活重(克)	半净膛率(%)	全净膛率(%)
公　鹅	3250～4510	78.3～81.2	70.3～72.6
母　鹅	2860～3700	75.6～81.2	69.3～71.2

2. 产蛋性能　年平均产蛋量 100 枚左右。在放牧为主的粗放条件下,年平均产蛋量 80 枚左右。每年 2～6 月份为产蛋旺季,通常每隔 1 天产 1 枚蛋,至春末夏初,3 天产 2 枚蛋。在冬季如果保温条件好,补足饲料,可以继续产蛋,年产蛋量达 100 枚以上,产蛋性能还有潜力,是我国优秀的高产鹅种。蛋重为 120～130 克。蛋壳为白色,厚度 0.45～0.51 毫米。蛋形指数 1.41～1.48。

3. 繁殖性能　7～8 月龄开产。公母配种比例为 1:6～7。种蛋受精率 85% 左右。

该品种基本没有就巢性,这一优良性状非常适宜于规模化生产。

十、太 湖 鹅

太湖鹅(Taihu geese)原产于江苏省南部的苏州、无锡和浙江省的湖州、嘉兴等市,这些产区地处太湖沿岸,故名太湖鹅。该品种成熟早,繁殖性能好,没有就巢性,是优良的白色小型高产鹅品种之一。

(一)体型外貌

1. 外貌特征　体型小巧紧凑,肉瘤圆而突起,无咽袋,颈细长,体躯狭长,前躯高抬、与地面成 50°角。全身羽毛白色,少数个体在头顶、颊部和腰背部有少量灰褐色斑块。肉瘤和眼睑淡黄色,虹彩灰蓝色,喙橘红色、前端色较浅;胫与蹼均为橘红色,爪白色。

雏鹅绒毛乳黄色,喙、胫和蹼均为橘红色。

2.体重和体尺 成年太湖鹅体重和体尺测定结果见表3-20。

表3-20 成年太湖鹅体重和体尺测定结果

项 目	公 鹅	母 鹅
体重(克)	4330±200	3230±80
体斜长(厘米)	30.4±0.36	27.41±0.15
胸深(厘米)	11.38±0.14	10.11±0.12
龙骨长(厘米)	16.56±0.38	13.97±0.11
骨盆宽(厘米)	7.59±0.27	6.92±0.11
胫长(厘米)	10.19±0.16	9.47±0.11

(二)主要性能

1.产肉性能

(1)生长速度 初生重91.2克,70日龄上市体重2.25～2.5千克。

(2)屠宰率 太湖鹅屠宰率测定结果见表3-21。

表3-21 太湖鹅屠宰率测定结果 (%)

项 目	半净膛率	全净膛率
仔 鹅	78.6	64
成年公鹅	84.9	75.6
成年母鹅	79.2	68.8

2.产蛋性能 年产蛋量为60～80枚,有报道高产群可达93.3枚。平均蛋重135克左右。蛋壳颜色全部为白色。蛋形指数1.44。

3.繁殖性能 6月龄前后开产。公母配种比例为1:6～7。种蛋受精率90%以上。受精蛋孵化率85%以上。

产区群众饲养种鹅只利用1个产蛋周期,即当年春孵的小鹅养大后选优留种,下半年开产后,连续产蛋至翌年5月底或6月初,产蛋结束后即淘汰处理。实际上太湖鹅可以利用2～4个产蛋周期。

该品种没有就巢性。

十一、酃县白鹅

酃县白鹅(Lingxian white geese)原产于湖南省酃县(今为炎陵县),中心产区在该县的沔渡和十都两乡,与产区毗邻的资兴、桂东和茶陵等市、县及江西省莲花县等地均有分布。酃县地处罗霄山脉中段的井冈山西麓,境内山峦重叠,森林茂密,植被覆盖率达85%以上,气候温和,雨量充沛,水草丰盛,四季常青,养鹅的自然环境极好,长期以来,鹅业生产是当地的一项重要副业。

山区交通不便,农家居住分散,这种自然环境条件促使农户养鹅多采取自繁自养,一户农家为一个配种小群,形成一个自然家系。由于饲养者都喜欢选留纯白羽毛的个体留种,淘汰杂色羽个体,经过长期的选择和精心的培育,才使酃县白鹅体型外貌趋于一致,生产性能比较稳定。

(一)体型外貌

1. 外貌特征 体型小而结构紧凑,肉瘤小、不如其他地方品种显著,颈中等长,体躯宽而深,胸部丰满。母鹅的后躯发达,呈椭圆形。成年公母鹅的羽毛都是白色;喙、肉瘤、胫和蹼均为橘红色,眼睑淡黄色,虹彩灰蓝色,皮肤黄色,爪白色。

2. 体重和体尺 成年酃县白鹅体重和体尺测定结果见表3-22。

表 3-22　成年鄱县白鹅体重和体尺测定结果

项　目	公　鹅	母　鹅
体重(克)	4250 ± 50	4100 ± 40
体斜长(厘米)	28.42 ± 0.37	27.08 ± 0.1
胸宽(厘米)	11.22 ± 0.13	10.27 ± 0.17
胸深(厘米)	10.81 ± 0.13	9.84 ± 0.08
龙骨长(厘米)	15.39 ± 0.36	14.53 ± 0.11
骨盆宽(厘米)	8.5 ± 0.17	8.05 ± 0.12
胫长(厘米)	9.15 ± 0.08	8.98 ± 0.09
颈长(厘米)	28.1 ± 0.17	24.46 ± 0.27

(二)主要性能

1. 产肉性能

(1)生长速度　鄱县白鹅生长速度测定结果见表 3-23。

表 3-23　鄱县白鹅生长速度测定结果

日　龄	初生	30 日龄	60 日龄	90 日龄	120 日龄	150 日龄	180 日龄
平均重(克)	78 ± 2	1240 ± 20	2730 ± 42	3670 ± 28	3700 ± 34	3710 ± 25	4160 ± 21
测定只数	414	170	169	252	172	138	146

(2)屠宰率　鄱县白鹅屠宰率测定结果见表 3-24。

表 3-24　鄱县白鹅屠宰率测定结果

性别	测定只数	平均活重(克)	半净膛		全净膛	
			胴体重(克)	屠宰率(%)	胴体重(克)	屠宰率(%)
公鹅	5	3890	3190	82	2970	76.35
母鹅	10	3620	3040	83.98	2740	75.69

2. 产蛋性能　年产蛋量 35~45 枚。第一年平均蛋重 120 克左右,第二年以后蛋重 140 克左右。蛋壳为白色,厚度 0.59 毫米。蛋形指数 1.49。

3. 繁殖性能　6 月龄前后开产。公母配种比例为 1:2~4。种蛋受精率 98.2%,受精蛋孵化率 97.8%。种母鹅可利用 4~6 年,种公鹅可利用 2~4 年。

农家多利用母鹅进行天然孵化,故该品种有较强的就巢性,每年就巢 3~5 次。

十二、籽　鹅

籽鹅(Zi geese)是中国鹅的小型高产品种,具有耐寒、耐粗饲和产蛋能力强的特点。籽鹅因产蛋多而得名。主要产区在黑龙江省的松嫩平原,以肇东、肇源和肇州等市、县饲养最多,黑龙江全省都有分布,吉林省农安县也产籽鹅。主产区松嫩平原土质肥沃,粮食丰富,草地广阔,养鹅的自然环境好,农民喜爱养鹅,并习惯选择产蛋多的个体留种,每年到了孵化季节,农户之间相互交换高产鹅的种蛋,并积极推广人工孵化方法,经过产区群众世世代代的选种和培育后,才逐步形成了这个小型高产的地方良种。

(一)体型外貌

籽鹅全身羽毛白色。体型紧凑轻小,体躯长椭圆形;颈细长,有小肉瘤,头上有缨状顶心羽,颌下偶有垂皮(即咽袋)。喙、胫和蹼均为橘红色。虹彩蓝灰色。

(二)主要性能

成年公鹅体重 4~4.5 千克,母鹅 3.2~3.7 千克。60 日龄重 2.6~2.9 千克,70 日龄重 2.86~3.275 千克。成年鹅全净膛率

75%左右,半净膛率83%左右。

母鹅6月龄开始产蛋,7月龄全部产蛋。年产蛋量在100多枚,高产者可产140枚。平均蛋重131克(114~153克),蛋壳白色。

公母配种比例为1:5~7,种蛋受精率和受精蛋孵化率均在90%以上。

十三、乌鬃鹅

乌鬃鹅(Wuzhong geese)原产于广东省清远市,是我国灰色羽鹅中体型最小的品种。因其颈、背部有1条深褐色鬃状羽毛带,故又称清远乌鬃鹅。分布于邻近的佛冈、从化、英德等县、市。该品种具有早熟、易肥育和肉质鲜美等特点,活鹅畅销于港、澳地区市场,久享盛名。清远市养鹅历史悠久,早在宋代的清远县志中就有养鹅的记述。现在,清远的养鹅业仍很发达,全市鹅的产值占畜牧业产值的25%,占家禽业的60%以上。

(一)体型外貌

1. 外貌特征 体型小而紧凑结实,体躯宽短、背平;公鹅肉瘤发达,雄性特征明显,体型比母鹅大,侧面看似榄核形;母鹅体型较小,侧面看似楔形,头小、颈细而灵活,脚短小,尾羽略上翘。

成年鹅自喙基和眼的下缘起直至最后颈椎,有1条由大渐小的鬃状乌棕色羽毛带十分明显,颈部左右侧和下侧的羽毛白色,翼羽、肩羽和背羽均为乌棕色,并在羽毛末端有明显的棕褐色镶边,故俯视背侧羽毛呈乌棕色;胸腹侧羽毛灰白色,尾羽灰黑色。喙、肉瘤、胫和蹼黑色,虹彩褐色。青年鹅的各部羽毛颜色比成年鹅较深而艳丽。

2. 体重和体尺 成年乌鬃鹅体重和体尺测定结果见表3-25。

表 3-25 成年乌鬃鹅体重和体尺测定结果

项　目	公　鹅	母　鹅
体重(千克)	3.42	2.86
体斜长(厘米)	23.8	23.2
胸深(厘米)	7.63	7.12
龙骨长(厘米)	15.8	13.6
骨盆宽(厘米)	6.89	6.37
胫长(厘米)	7.5	6.77
半潜水长(厘米)	54	49

(二)主要性能

1. 产肉性能

(1)生长速度　在以放牧为主、适当补助配合饲料的条件下，乌鬃鹅的生长速度见表 3-26。

表 3-26 乌鬃鹅生长速度测定结果

日　龄	初生	30 日龄	70 日龄	90 日龄
平均重(克)	95	695	2580	3170

注:测定鹅数 350 只

在全部饲喂配合饲料条件下,乌鬃鹅 4 周龄体重达 1.191 千克,9 周龄体重达 2.741 千克。

(2)屠宰率　乌鬃鹅屠宰率测定结果见表 3-27。

表 3-27 乌鬃鹅屠宰率测定结果 (%)

性　别	半净膛率	全净膛率
公　鹅	88.8	77.9
母　鹅	87.5	78.1

注:测定的是经 15 天肥育的鹅

2. 产蛋性能 年平均产蛋量 30 枚左右。一般每年有 4 个产蛋期,第一期在 7～8 月份,第二期在 9～10 月份,第三期在 11 月至翌年 1 月份,第四期在 2～4 月份。饲料条件好的有 5 个产蛋期。平均蛋重 144 克左右。蛋形指数 1.49。蛋壳颜色为白色。

3. 繁殖性能 5 月龄前后开产(公鹅性行为表现较早,但配种日龄都控制在 300 天左右)。公母配种比例为 1:8～10。种蛋受精率 85% 以上。受精蛋孵化率 90% 以上(均采用母鹅孵化)。

该品种的就巢性很强,每只每年就巢 4～5 次。

十四、长 乐 鹅

长乐鹅(Changle geese)原产于福建省长乐市,广泛分布于邻近的闽侯、福州、福清、连江和闽清等市、县,是福建省的主要鹅品种。关于该品种的形成历史,据当地群众回忆,数百年前祖先移民时从北方带到福建,由于产区地处东部沿海、闽江口的南岸,自然生态环境非常适合鹅的生长和繁殖,经过长乐农民的长期选育,才形成了适于滨海放牧的小型优良品种。

(一)体型外貌

1. 外貌特征 该品种具有中国鹅的典型特征。头部肉瘤突起,颈细长呈弓形,胸宽而挺,前躯高高抬起,体态俊美。

羽毛颜色有灰色、白色和花色 3 种,以灰褐羽为主,纯白羽的个体较少,只占 5% 左右。灰色长乐鹅的头部、颈部的背侧、背部和尾羽都是灰褐色,颈部的腹侧至胸、腹部的羽毛都是灰白色或白色,有的在颈、胸、肩交界处有白色环状羽带。喙黑色或黄色;肉瘤黑色或黄色带黑斑,胫和蹼黄色,虹彩褐色(颈、肩、胸交界处有白色羽环者虹彩天蓝色)。

2. 体尺 成年长乐鹅体尺测定结果见表 3-28。

表3-28 成年长乐鹅体尺测定结果 （单位:厘米）

项 目	公 鹅	母 鹅
体 斜 长	32.24(27~42)	29.78(26~39)
胸 宽	11.72(10.5~17)	11.10(10~13)
胸 深	11.48(8~14)	9.8(7~12)
龙 骨 长	18.95(14~22)	16.73(13~22)
骨 盆 宽	8.98(7~9.8)	8.94(7~10)
胫 长	9.6	8.89
颈 长	32.69(24~40)	27.71(22~36)
半 潜 水 长	69.6(64~75)	64.1(56~75)

(二)主要性能

1. 产肉性能

(1)生长速度 20~40日龄日增重较快,70日龄后生长速度下降,增重明显减慢,农村饲养肉鹅,多数在70~90日龄上市。长乐鹅生长速度测定结果见表3-29。

表3-29 长乐鹅生长速度测定结果

日 龄	初生	10日龄	20日龄	30日龄	40日龄	50日龄	60日龄	70日龄
平均重(克)	99	236	786	1298	1856	2443	3080	3288
测定只数	44	11	49	59	55	21	10	4

(2)屠宰率 长乐鹅屠宰率测定结果见表3-30。

表3-30 长乐鹅屠宰率测定结果

平均日龄	测定只数	活重(克)	半 净 膛		全 净 膛	
			胴体重(克)	屠宰率(%)	胴体重(克)	屠宰率(%)
68	6	3250	2576	81.78	2163	68.67

2. 产蛋性能 年产蛋量 30~40 枚。平均蛋重 150 克左右。蛋壳颜色为白色。蛋形指数 1.387。

3. 繁殖性能 7 月龄前后开产。公母配种比例为 1:6。种蛋受精率 80% 以上。1 年就巢 3~4 次。种母鹅利用年限为 5~6 年。

十五、伊犁鹅

伊犁鹅(Yili geese)产于新疆西北部伊犁哈萨克自治州,分布于伊犁哈萨克自治州和博尔塔拉蒙古自治州各县、市。又称塔城飞鹅、雁鹅,它是我国境内惟一起源于灰雁的鹅种。在伊犁鹅的产区,地形东高西低,南、北、东三面环山,构成各种草场植被和生物群落,形成无数的河谷洼地沼泽,为野生雁类秋去春来提供了理想的生态环境。长期以来,当地农牧民每逢春季常有人到芦苇湖滩中拣雁蛋、捉雏雁,然后将其孵化驯养。雁鹅经家养长大后,白天飞出去采食,晚上飞回,天天早出晚归,仅有个别飞出后不回归的。经过长期驯养后(据说已有 200 多年)形成的伊犁鹅,在羽毛颜色和体型结构方面,已有不同变化,如野生雁羽毛都是褐色,家养伊犁鹅除大多数褐色外,还有少量白色和花色羽;野生雁的胸宽比胸深大 2 厘米左右,家养伊犁鹅则反之,体直长也比野生雁长。但有些习性,如飞翔、鸣叫和就巢性等方面仍和野生雁相似,并具有耐粗饲和耐寒冷的特性,适于在草原上放牧,成为别具特色的鹅种。

现在,伊犁、塔城一带沿河谷居住的各族人民养鹅很普遍,尤其是哈萨克族牧民一家一户,养 1 只公鹅和 3~4 只母鹅,自繁自养,在草原上放牧,饲养极其粗放,几乎不费多少成本,只要稍加管理,到了年底就可获得 20~30 只成年鹅,屠宰后可得到鹅肉、鹅油 60~90 千克,是牧民一项很好的副业。当地居民喜欢用鹅绒做枕头、被褥和冬衣,冬天吃"鹅肉抓饭",美味可口,视为民族佳肴。这些特定的自然环境和社会条件,更进一步促进了伊犁鹅品种的形成和发展。

(一)体型外貌

1. 外貌特征　体型和灰雁相似,中等偏小。头上平顶,无肉瘤突起,颌下无咽袋,颈较短,胸宽广而突出,体躯呈扁平椭圆形,腿粗短。

雏鹅头部、颈部和背部黄褐色,两侧黄色,腹部淡黄色,眼球灰黑色,喙黄褐色,喙豆乳白色,胫、趾、蹼均为橘红色。成年鹅的喙象牙色,虹彩蓝灰色,胫、趾、蹼均为橘红色。成年鹅的羽毛有灰、花、白3种颜色。

(1)灰鹅　头、颈、背、腰等部的羽毛都是灰褐色;胸、腹、尾部的羽毛都是灰白色,并杂有深褐色小斑;喙基部周围有1条狭窄的白色羽环;在体躯两侧及背部,深褐色和浅褐色两种羽毛前后相衔,形成状似覆瓦的波状横带;尾羽褐色,羽端白色,最外侧两对尾羽白色。

(2)花鹅　羽毛灰白相间;头、背、翼等部位均为灰褐色,其他部位都是白色。

(3)白鹅　全身羽毛白色。

2. 体尺　成年伊犁鹅体尺测定结果见表3-31。

表 3-31　成年伊犁鹅体尺测定结果　（单位:厘米）

项　目	公　鹅	母　鹅
体 斜 长	28.8 ± 0.24	28.5 ± 0.26
胸　　宽	12.5 ± 0.15	11.8 ± 0.16
胸　　深	12.1 ± 0.16	11.6 ± 0.13
龙 骨 长	19.1	17.2
骨 盆 宽	7.8	7.1
胫　　长	10.3 ± 0.08	9.3 ± 0.07
颈　　长	26.5 ± 0.27	24.5 ± 0.12
半 潜 水 长	60.0 ± 0.29	60.7 ± 0.30

(二)主要性能

1. 产肉性能

(1)生长速度　在天然草场上,采用全放牧的饲养方式,其生长期内各阶段的体重测定结果见表 3-32。

表 3-32　伊犁鹅生长速度测定结果　（单位:克）

性　别	30 日龄重	60 日龄重	90 日龄重	120 日龄重
公　鹅	1375	3034	3412	3687
母　鹅	1231	2767	2997	3444

(2)屠宰率　屠宰前一般不进行肥育,只利用天然草场夏秋季节牧草丰盛时充分放牧,就能膘肥体壮。表 3-33 测定的是经 15 天肥育后 8 月龄的肉鹅屠宰率。

表 3-33　伊犁鹅屠宰率测定结果

平均活重(克)	半净膛率(%)	全净膛率(%)
3810	83.6	75.5

2. 产蛋性能 年产蛋量 10 ~ 12 枚,最高可达 24 枚。伊犁鹅的产蛋量较低,因为 1 年只有 1 个产蛋期,在 3 ~ 4 月份,个别鹅有春、秋 2 个产蛋期。产蛋量因年龄变化而有差异,第一年可产蛋 7 ~ 8 枚,第二年产蛋 10 ~ 12 枚,第三年为高峰期,可产 15 ~ 16 枚,稳定两年后,至第六年产蛋量逐渐下降,至第十年又降到第一年的水平。平均蛋重 150 克左右。蛋壳乳白色,厚度 0.6 毫米。蛋形指数 1.48。

3. 繁殖性能 种鹅一般当年孵化,至翌年春季产蛋,需 10 个多月。公母配种比例为 1:2 ~ 4。种蛋受精率 83%,受精蛋孵化率 82%。种母鹅一般只利用 7 ~ 8 年。

一般每年就巢 1 次,发生在春季产蛋结束后。

4. 产羽绒性能 羽绒是当地群众养鹅的主要副产品,平均每只鹅可产羽绒 240 克,且含绒率很高,可得鹅绒 190 克左右。

(三)饲养管理要点

伊犁鹅是我国地方品种中惟一从灰雁驯化而来的鹅种,特色非常鲜明,抗寒能力强,耐粗饲,可采用全放牧饲养,饲料利用率高。引种后应充分利用这一优良性状,开发草地养鹅。

十六、扬 州 鹅

扬州鹅(Yang zhou geese)是利用国内鹅种资源培育的优良新品种。该品种的培育由扬州大学联合扬州市农业局共同承担江苏省"八五"至"十五"期间关于新鹅种培育的研究课题。该项目应用现代育种理论和先进测试手段,经多品种、多组合杂交配合力测定,筛选出最佳组合,对其后代进行横交固定,经过 6 个世代的选育,其遗传性能稳定,繁殖力高,早期生长快,肉质优,耐粗饲,适应

性广。已于 2002 年 8 月通过江苏省畜禽品种审定委员会审定,现正准备向国家畜禽品种审定委员会申报。

(一)体型外貌

扬州鹅全身羽毛白色,鹅群中有少数在眼梢或头顶或腰背部有灰褐色羽斑。喙、胫和蹼均为淡橘红色,眼睑淡黄色,虹彩灰蓝色;雏鹅绒毛乳黄色,喙、胫和蹼均为橘红色。体型中等大小,体躯方形,公鹅体型比母鹅略大,头部前额有半球形的肉瘤,呈橘黄色,颈中等粗细,长短适中。

(二)主要性能

成年公鹅体重 5 680±510 克,母鹅 4 290±500 克。

在放牧条件下,70 日龄体重 3 490 克;在舍饲条件下,70 日龄体重 4 047 克,料重比 2.69:1。

公鹅屠宰率为 89.4%,母鹅 85.9%。

185～210 日龄开产。65 周龄入舍母鹅平均产蛋 71.39 枚。平均蛋重 139.5 克。产蛋期成活率 95.3%。公母配种比例为 1:5。种蛋受精率 91.99%,受精蛋孵化率 88.51%。种母鹅可利用 5～6 年。

附录1　鸭的外貌部位名称

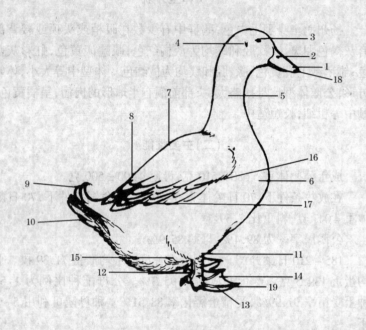

鸭的外貌部位名称

1.喙　2.鼻孔　3.眼　4.耳　5.颈

6.胸　7.背　8.腰　9.雄性羽　10.尾羽　11.腿　12.胫

13.趾　14.蹼　15.腹　16.副翼羽　17.主翼羽　18.喙豆　19.爪

附录2　鹅的外貌部位名称

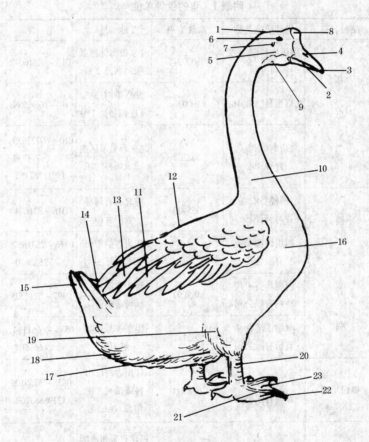

鹅的外貌部位名称

1.头　2.喙　3.喙豆　4.鼻孔　5.脸　6.眼　7.耳　8.肉瘤

9.垂皮　10.颈　11.翼　12.背　13.臀　14.覆尾羽　15.尾羽

16.胸　17.腹　18.绒羽　19.腿　20.胫　21.趾　22.爪　23.蹼

附录3 供种单位

附表1 鸭的供种单位

品种名称	供种单位名称	邮政编码	地 址	电 话
北京鸭	中国农科院畜牧研究所	100094	北京市海淀区圆明园西路2号	010 - 62816012
	北京金星鸭业中心	100076	北京市南郊德茂庄德裕街7号	010 - 67965680
	北京南口北京鸭育种中心	102202	北京市昌平区南口农场种鸭场	010 - 69771939，69771782 13911787152
樱桃谷鸭	樱桃谷农场(香河)有限公司	065400	河北省香河县淑阳大街	0316 - 8316748
	四川绵樱鸭业有限公司	621000	四川省绵阳市双碑东街29号	0816 - 2531857，2533810
	河南华英祖代种鸭有限公司	465150	河南省潢川县付店镇西	0397 - 5711528
	潍坊乐港食品股份有限公司	262411	山东省昌乐县红河镇	0536 - 6661134，6661504
奥白星鸭	四川省广汉市万鸣有限公司	618300	四川省广汉市兴隆镇兴文街南段60、62号	0838 - 5750102 13198883769
丽佳鸭	丽佳良畜有限公司	362014	福建省泉州市鲤城区马甲和昌农业高科技试验区和昌中心	0595 - 2085151，2085152 2085153

续附表 1

品种名称	供种单位名称	邮政编码	地 址	电 话
瘤头鸭	福建农林大学动科院种鸭场	350002	福建省福州市	
法国克里莫瘤头鸭	法国克里莫兄弟育种公司中国代表处	100020	北京市法国克里莫兄弟育种公司中国代表处	010 – 67883340 13901043315
	余姚神农畜禽有限公司	315460	浙江省余姚市临山镇	0574 – 62055490, 13705847005
	江苏丰达种鸭场	225300	江苏省泰州市泰东收费站南侧	0523 – 6278458, 5353114 13951171231
绍兴鸭	绍兴市绍兴鸭原种场	312075	浙江省绍兴市皋埠镇滨河路	0575 – 8084458
	浙江省农科院畜牧兽医研究所	310021	杭州市石桥路 198 号	0571 – 86404216, 86406682
	宁波镇海江南家禽育种有限公司	315202	宁波市镇海区骆驼街道敬德村	0574 – 86591551 13906848704
金定鸭	厦门大学生物系种鸭场	361005	福建省厦门市	0592 – 2183041, 2186392
	石狮市金定鸭原种场	362700	福建省石狮市蚶江镇莲埭村	0595 – 8680062, 8713579
莆田黑鸭	福建省农科院畜牧兽医研究所	350013	福州市郊埔党	0591 – 7594975, 7593074

续附表 1

品种名称	供种单位名称	邮政编码	地 址	电 话
连城白鸭	连城县畜牧水产局连城白鸭原种场	366200	福建省连城县畜牧水产局	0597 - 6922350, 8953209, 8922961
	南京市畜牧家禽科学研究所	211103	南京市鼓楼区湘江路 32 号	025 - 6216149, 2701570
三穗鸭	三穗县农业局品种改良站保种场	556500	贵州省三穗县	0855 - 4522726
山麻鸭	龙岩市山麻鸭原种场	364000	福建省龙岩市新罗区畜牧水产局	0579 - 2771928
卡基 - 康贝尔鸭	张家港市畜禽总公司	215623	江苏省张家港市四一农场车站向北过桥向东 50 米	0512 - 58640483, 58640581
高邮鸭	高邮鸭原种场	225601	江苏省高邮市南郊开发区	0514 - 4662648
巢湖鸭	庐江县畜牧兽医站庐江县种鸭场	231500	安徽省庐江县	

续附表 1

品种名称	供种单位名称	邮政编码	地　址	电　话
骡 鸭	余姚市神农畜 禽有限公司	315460	浙江省余 姚市临山镇	0574 - 62055490， 62058588 13705847005
	义乌市顺大畜 牧实业有限公司	322000	浙江省义乌市 义东路 55 号	0579 - 5529949 13506897417
	龙海市顺兴 良禽种鸭场	363100	福建省龙海 市紫泥镇新洋 村金峨 15 号	0596 - 6518481， 6506589 13906069441
	江苏丰达种鸭场	225300	江苏省泰州市 泰东收费站南	0523 - 6278458 13951171231
绿 头 野 鸭	西湖养殖总场	310008	杭州市西湖区 西湖乡珊湖沙村	0571 - 87322116
	奉贤区珍 禽养殖基地	201400	上海市奉贤区	021 - 57466822
	南京市渔歌 珍禽养殖场	210030	江苏省南京市	025 - 7430847
	萧山区钱氏 家禽有限公司	311200	浙江省 杭州市萧山区	0571 - 82774109

鸭鹅良种引种指导

附表 2 鹅的供种单位

品种名称	供种单位名称	邮政编码	地　址	电　话
狮头鹅	汕头市白沙禽畜原种研究所	515800	广东省汕头市澄海市	
郎德鹅	吉林正方农牧股份有限公司	135100	吉林省辉南县朝阳镇西华路 7 号	0448 - 8244411,8222266
四川白鹅	广汉市金界养殖有限公司	618300	四川省广汉市兴隆镇	0838 - 5750337
	南溪县四川白鹅育种场	644100	宜宾市南溪县南溪镇东大街 123 号	13808106675 0831 - 3322381
皖西白鹅	皖西白鹅原种场	237006	安徽省六安市金安区	
浙东白鹅	象山县浙东白鹅原种场	315700	浙江省象山县丹西街道北面洋水库	0574 - 65722154
莱茵鹅	吉林正方农牧股份有限公司	135100	吉林省辉南县朝阳镇西华路 7 号	0448 - 8244411,8222266
	黑龙江省畜牧研究所鹅育种中心	161041	黑龙江省齐齐哈尔市富拉尔基区	0452 - 6981333,6981211
扬州鹅	扬州市润扬水特禽研究所有限公司	225009	江苏省扬州市扬子江中路 214 号	0514 - 7328826,7979045,7979306
籽鹅	黑龙江省畜牧研究所鹅育种中心	161041	黑龙江省齐齐哈尔市富拉尔基区	0452 - 6981333,6981211

主要参考文献

1　《中国家禽品种志》编写组．中国家禽品种志．上海科技出版社，1989

2　陈育新主编．中国水禽．中国农业出版社，1990

3　陈烈，舒鼎铭，罗永康编著．骡鸭饲养技术．金盾出版社，2002

4　陈烈，赵爱珍编著．科学养鸭．金盾出版社，1991

5　陈国宏主编．科学养鸭与疾病防治．中国农业出版社，2001

6　王光瑛，李昂，王长康编著．番鸭养殖新技术．福建科学技术出版社，1999

7　马敏．中国养鸭业的现状和未来．中国家禽．2003(11)：1

8　侯水生．中国鹅业产业化与技术路线思考．中国家禽．2003(4)：5

9　林祯平，林庆添．狮头鹅品种资源情况调查．中国禽业导刊．2003(4)：36

10　陈宽维等．连城白鸭资源特性、保护及开发方向．中国家禽．2003(9)：46

金盾版图书，科学实用，
通俗易懂，物美价廉，欢迎选购